胡雪巖

縱橫商道的祕訣

永續圖書線上購物網
讀品文化事業有限公司

WWW.foreverbooks.com.tw
yungjiuh@ms45.hinet.net

全方位學習系列 66

料事如神：胡雪巖縱橫商道的祕訣

編　　著　林崑廷
出 版 者　讀品文化事業有限公司
執行編輯　林美娟
美術編輯　姚恩涵

總 經 銷　永續圖書有限公司
TEL／(02)86473663
FAX／(02)86473660
劃撥帳號　18669219
地　　址　22103 新北市汐止區大同路三段 194 號 9 樓之 1
TEL／(02)86473663
FAX／(02)86473660
出 版 日　2015年12月

法律顧問　方圓法律事務所　涂成樞律師
CVS代理　美璟文化有限公司
TEL／(02)27239968
FAX／(02)27239668

國家圖書館出版品預行編目資料

料事如神!：胡雪巖縱橫商道的祕訣 / 林崑廷編著. -- 初版. -- 新北市：讀品文化, 民104.12
面；　公分. -- (全方位學習系列；66)
ISBN 978-986-453-018-2(平裝)
1.(清)胡雪巖 2.學術思想 3.企業管理 4.謀略
494　　104020247

前言

胡雪巖（一八二三——一八八五），名光墉，字雪巖，以字行，幼名順官，安徽績溪人，晚清時期的紅頂商人。現在在杭州鼓樓有修復過的胡雪巖故居。

胡雪巖不同於一般商人，他所創造的商業奇蹟是其中一個方面。他從錢莊的學徒開始走上經商之路，以「零資本」開設錢莊作為事業的起點，及至最後他生意的觸角幾乎伸到了當時所有最賺錢的行業：生絲貿易、典當、軍火、水上貨運、藥店、地產等等，並且在大多數行業都登上了龍頭地位，從而構築起一個縱橫交錯、遍及全國的商業集團。胡雪巖長於經營之道，富甲一時，被譽為一代巨賈；同時他也具有清朝官員身份，並積功升遷至「布政使銜」的從二品官階，所戴朝冠頂上飾以鏤空珊瑚，俗稱「紅頂子」，故又被稱為「紅頂商人」。以商人的身份，戴紅頂子，是清朝極少數的特例。

誠實不欺是所有生意行業的立足之本，也是在競爭中取勝的一個砝碼。有才無德，僅靠耍花樣來求名取利，到頭來只能是搬起石頭砸自己的腳，聰明反被聰明誤。

商人做生意為求利是天經地義的事，誰能賺得到更多的金錢，求得更大的利益，誰就是英雄。如果單以「成」、「敗」論英雄，晚清時期巨賈胡雪巖應該算一位悲劇英雄：

「成」一人白手起家經過幾十年的打拼終於富甲天下；「敗」一個商業帝國幾乎一夜之間坍塌竟至資不抵債。胡雪巖個人最後於貧病中鬱鬱而終，但他在破產之際那句擲地有聲的「輸得起才是真英雄」的話語依然回響在我們耳畔。

一百多年來，我們已經淡忘了他不幸的結局，記住的是一個手段既高超，又能頂天立地的「財神」形象。胡雪巖獨特之處，在於他超人一等的眼光、無所不能的氣魄和靈活精妙的處世風格。作為「錢眼裡翻跟斗」的商人，胡雪巖常把跟斗翻到「錢眼」之外。他能看到別人看不到的問題，抓住別人抓不住的機會，辦成別人辦不好的事情，賺到別人賺不到的錢。胡雪巖不同一般，更在於他令人敬服的做人和經商理念。他崇尚「有錢大家一起賺」、「不搶同行的飯碗」、「吃虧就是佔便宜」、「先做朋友後做生意」等信條，為自己在商界贏得了旺盛的人氣。他以誠待人，以信交友，使自己的名字成為信譽的代名詞，成為一塊縱橫商海的「金字招牌」。

胡雪巖是個商業奇才，但他的成就和影響已遠遠超出商業領域之外。本書將他獨到的經營理念、做人方式和成事技巧予以系統化，概以不同的用字形容。相信時至今日，胡雪巖的一些說法和做法仍能給大多數人一些有益的啟示。不過我們在研究和閱讀他的一些事例時，也要有所研判的意識，剔除其中的不佳之處，方解有益而無害。

目錄

目錄

目錄

胡雪巖崇尚：
「有錢大家一起賺」
「不搶同行的飯碗」
「吃虧就是佔便宜」
「先做朋友後做生意」

他以誠待人，以信交友，
使自己的名字成為信譽的代名詞，
成為一塊縱橫商海的「金字招牌」。

守字訣：

守住規則和道德的底線

胡雪巖能看到別人看不到的問題，
抓住別人抓不住的機會，
辦成別人辦不好的事情，
賺到別人賺不到的錢。

商人做生意為求利是天經地義的事，誰能賺得到更多的金錢，求得更大的利益，誰就是英雄。

守、摸、交、創、變、打、快、破、面、勢、佈、跳、誠、誘、挺、信、生、攬、研、藏、送、留、情、險、善

守住規矩不放鬆

胡雪巖認為合不符合規矩，即為經商的根本和重要的問題。做生意從正路去走，往往可以名利雙收，即便一筆生意失敗了，也有東山再起的機會。而違背道義，不走正路，必將遭人唾棄，一旦失敗往往一敗塗地，名利兩失，不可收拾。不用說，一定要去做遭人唾棄、名利兩失的事情，那就實在是愚不可及了。胡雪巖非常重視這一點，那就是按照規矩來辦事！

綠營兵軍官羅尚德上戰場之前將自己的銀子存入阜康錢莊，一方面他相信阜康的信用，另一方面他馬上就要去打仗，生死未卜，不知道還能不能活著回來，因此堅決不要存摺，但胡雪巖一定要出具存摺，即使這個存摺是交給第三者阜康總管劉慶生保管，開具存摺的手續也不能省略，因為客戶存入款項錢莊必須開具存摺，這是照規矩來辦事。

再比如與古應春、尤五、鬱四等人合作做蠶絲銷「洋莊」賺了十八萬多兩銀子，但這利潤只不過是帳面上的「虛帳」，生意過程之中的各項費用除開，加上必要的各處打點，與尤五、古應春等生意合夥人分過紅利之後，這筆利潤不僅分文不剩，甚至還有一萬多兩銀子的「呆帳」。雖然既是合作夥伴又是朋友的古應春自己主動要求不要這份紅利，但胡雪巖即使自己分文不剩也仍認為然該分的照樣分，因為既是合作夥伴，紅利就必須均分，這也是照規矩來辦事。

還有，胡雪巖的生意開始於太平天國起義由盛到衰的時期，但他堅持不和太平軍做生意，這是他確定的一條決不逾越的大原則。他的錢莊從不向太平軍放款，甚至不向與太平軍有聯繫的商人放款。他也不在太平軍據守的地區做其他生意，比如糧食、軍火都決不運往被太平軍占領的地方。太平軍攻下杭州之後，也曾邀他回杭州幫助「善後」，他的生意根基在杭州，而且當時他的老母妻女也都陷在杭州，以一般生意人的眼光，既可照顧自己的生意，又可保護老母妻女，何樂不為？商人只求利，管他誰家天下。但胡雪巖仍然堅持不去。因為無論如何當時天下仍然是大清的天下，與太平軍做生意就是違反朝廷王法。通融方便可以，但違犯法條不可以，這在他來說，更是照規矩來。

做生意確實要照規矩來。商事運作有自己的規則，參與商事活動的人也必須遵守規則。比如必要的手續，無論繁簡，該辦就必須去辦；比如簽訂的合約，無論難易，當履行的一定要履行；比如生意所涉政府的法令法規無論如何都要遵守。照規矩來，實際上是商業活動正常進行的必要保證。否則就會亂套，就無法進行正常的商事運作。

胡雪巖的說法和做法，應該是很能給人以啟示的。事實上，做生意不能違背大原則，要牢牢把握一個正路，即使僅僅從商人求利的角度看，也是完全必要的。

同行的飯碗不能搶

胡雪巖的商德之所以為人稱道，有很重要的一條，就是不僅要給競爭對手留活路，而且不搶同行的飯碗。這也是他成大事著手解決的一個根本問題—即抽非同行的「底」，而不抽同行的「底」。

胡雪巖行事最崇尚諸葛孔明，事無鉅細，全都謹慎對待，「把一件事碎了再揉起來」。

胡雪巖曾以不搶同行飯碗的觀念幫助了王有齡一次。王有齡官場得意，身兼湖州府知府、烏程縣知縣、海運局坐辦三職，王有齡在四月下旬接到任官派令，身邊左右人等無不勸他，速速趕在五月一日接任視事。之所以會有這等建議，理由很簡單：儘早上任，儘早摟到端午節「節敬」。

清代吏制昏暗，紅包回扣、孝敬賄賂乃是公然為之，蔚為風氣。風氣所及，冬天有「炭敬」，夏天有「冰敬」，一年三節另外還有額外收入，稱為「節敬」。浙江省本來就是江南膏腴之地，而湖州府更是膏腴中的膏腴，各種孝敬自然不在少數，王有齡四月下旬獲派為湖州知府，左右手下各路聰明才智之士無不勸他趕快上路，趕在五月一日交接。如此一來，剛上任就能大摟「節敬」。

王有齡就此詢問胡雪巖的意見，胡雪巖卻說：「銀錢有用完的一天，朋友交情卻是得罪了就沒得救了！」他勸王有齡等到端午節之後，再走馬上任。

胡雪巖之所以這樣建議他是有多方面考慮的，王有齡不是湖州第一任知府，在他之前還有前任，別人在湖州府知府衙門混了那麼久，就指望著端午節敬，王有齡雖可名正言順地搶在頭裡接事，搶前任的節敬，可是，這麼一來，無形中就和前任結下樑子，眼前當然沒事，但保不準什麼時候就會發作。要是將來在關鍵時刻發作，牆倒眾人推，落井猛石下，那可就划不來了。

胡雪巖深深明白，江湖上有言：「你做初一，我做十五；你吃肉來我喝湯。」這意思是說，好處不能占絕，做事情不能吃乾抹淨，一點後路都不留給別人。人家前任知府雖被掃地出門，但你新官上任之際，總得替人家想想，送對方一頓「節敬」，自己沒損失什麼，卻頗能讓別人感激，何樂而不為呢！

做大事，應像胡雪巖這樣小處謹慎，不能因為一招不慎滿盤輸。

胡雪巖崇尚：
「有錢大家一起賺」
「不搶同行的飯碗」
「吃虧就是佔便宜」
「先做朋友後做生意」

他以誠待人，以信交友，
使自己的名字成為信譽的代名詞，
成為一塊縱橫商海的「金字招牌」。

胡雪巖能看到別人看不到的問題，
抓住別人抓不住的機會，
辦成別人辦不好的事情，
賺到別人賺不到的錢。

摸字訣：

摸清路數才能點住穴位

商人做生意為求利是天經地義的事，
誰能賺得到更多的金錢，
求得更大的利益，誰就是英雄。

守、摸、交、創、變、打、快、破、面、勢、佈、跳、誠、誘、
挺、信、生、攬、研、藏、送、留、情、險、善

摸清財路可保找到財源

開始做生意誰都想找一個財源滾滾的行業。胡雪巖的辦法很簡單，先摸清財路，不愁沒有財源。

胡雪巖在做成第一樁銷洋莊的生絲生意之後，立即就想到要開始投資兩樁在亂世之中和亂世之後，都必定能給他帶來滾滾財源的事業。這兩樁事業，一樁是「開藥店」，另一樁是「典當業」。

胡雪巖想到投資典當業，自然與他對於他那個時代五行八作的生意行業的瞭解有關。戰亂頻仍、饑荒不斷的年代，居於城市之中的人，不要說那些日入日食的窮家小戶，即使稍稍有些積蓄的人家，也會不時陷於困窘之中，急難之時，常要借典當以度急難，以致典當業遍佈所有市鎮商埠。據《舊京瑣記》載，清同、光年間僅京城就有「質鋪（當鋪）凡百餘家。」以胡雪巖眼界的開闊，他不會看不到這是一個可為的行業。事實上，胡雪巖早就動過開當鋪的念頭。不過，真正促使胡雪巖要把典當業當做一項事業來做並付諸實施的直接原因，是他與朱福年的幾番交談。

朱福年是龐二開在上海絲行的總管，胡雪巖在聯合龐二銷洋莊過程中收服了他。這朱福年原籍徽州。中國歷史上，典當業的管家，即舊時被稱作「朝奉」的，幾乎都是徽州人，朱福年的一個叔叔就是朝奉，他自然熟悉典當業。胡雪巖從朱福年那裡知道了許多有關典當業的運作方式、行規等知識，還知道了典當業其實是一個很讓人羡慕的行業，比如朱福年就歎息不知道自己當年沒有入了典當業而吃了絲行的飯，是不是一種失策，因為「吃典當飯」的確與眾不同，是三百六十行中最舒服的一行。

與朱福年的交談堅定了胡雪巖投資典當業的想法，他讓朱福年替自己留心典當業方面的人才，而自己一回杭州，就在杭州城裡開設了自己的第一家當鋪「公濟典」。其後不幾年，他的當鋪發展到二十三家，開設範圍涉及杭州、江蘇、湖北、湖南等華中、華東大部分省份。

胡雪巖開辦典當業，當然決不是因為「吃典當飯」舒服。以胡雪巖說出來的理由，是「錢莊是有錢人的當鋪，當鋪是窮人的錢莊」，他開當鋪是為了方便窮人的急難。事實上，說是這樣說，天下又哪有不賺錢的典當？算算帳就可以知道，胡雪巖的當鋪，即使真的並不全為賺錢，也絕對會有不小的進帳。

當鋪的資本稱為「架本」，按慣例不用銀數而以錢數計算。一千文准銀一兩，一萬千文即相當一萬兩銀子。一般的典當業，架本少則五千千文，大則可至二萬千文。胡雪巖開在各地的當鋪，規模當然有大有小，平均以一萬千文計算，二十三家當鋪僅架本就達二十三萬兩銀子，而如果以「架貨」折價，架本至少要加一倍。這樣，胡雪巖的二十三家當鋪，架本至少也是四十五萬兩。四十五萬兩架本以一月周轉一次，生息一分計算，一個月就可以淨賺四萬五千兩銀子，一年就有五十四萬兩。而當鋪架本周轉一次，絕對不止於一分息的利潤，《舊京瑣記》就談到，當鋪取息率至少「在二分以上，巨值者亦得議減」。就連古應春在算了這筆帳之後也對胡雪巖說：「小爺叔叫我別樣生意都不必做，光是經營這二十三家典當好了。」而胡雪巖自己也清楚地知道，他能將典當業經營好了，就可以立於不敗之地。

如此算來，典當業其實也是胡雪巖為自己找到的一條新的、能夠賺錢的投資管道。難怪大家會由衷地讚歎胡雪巖的眼光「才真叫眼光」。像胡雪巖一樣始終向前看，向遠處看，不斷尋找投資方向，不放過一個投資機會，而且看得那樣準，確實是真正有大作為的生意人的「真眼光」。

會說話才叫會辦事

胡雪巖做生意的本事一半在於他嘴上的功夫。別人辦不成的事他能辦成，因為不管面對什麼樣的人，他說的話總會讓你受用，讓你不能不同意他的意見。胡雪巖的訣竅就是摸清對方脾氣秉性，絕不說廢話。

商量籌借洋款時，胡雪巖給急於借款的陝甘總督左宗棠帶來了泰來洋行和匯豐洋行的代表。款子是代理泰來的，但是還需要匯豐出面。左宗棠不解，就問這裡邊有什麼講究。胡雪巖很會說話：「匯豐是洋商的領袖，要它出款子地位更高才容易。這好有一比，好比劉欽差、楊制台籌餉籌不動，只要大人登高一呼，馬上萬山回應，是一樣的道理。」話經胡雪巖這麼一說，左宗棠感到很是受用，往下談到借款的數目和利息來，就爽快起來。胡雪巖深明左宗棠的脾性，所以左宗棠問到「要不要海關出票」時，胡雪巖響亮地回答：「不要！」

原來，洋人借款，為了商業利益，總是要想辦法降低風險，避免出現拖欠還款的現象。由於當時中國海關掌握在外國人手中，所以一般借款，總要中國方面出具海關稅票，保證借款能如期歸還。這回因為是和「胡財神」打交道，信譽好了，自然不必擔心出現問題，所以在海關是否出票一節上，也就沒有勉強。

雖然是看在「胡財神」的面子上，胡雪巖卻不這麼講。左宗棠問是否只要陝甘出票就可以了，胡雪巖回答：「是，只憑『陝甘總督部堂』的關防就足夠了。」

這一回答使左宗棠連連點頭，表示滿意，不免感慨道：「唉！陝甘總督的關防，總算也值錢了！」

「事在人為，」胡雪巖接過他的話頭說：「陝西甘肅是最窮最苦最偏僻的省份。除了俄國以外，哪怕是久住中國的外國人，也不曉得陝甘在哪裡。如今不同了，都曉得陝甘有位左爵爺，洋人敬重大人的威名，連帶陝甘總督的關防，比直隸兩江還管用。」

這樣講還不過癮，又要古應春問洋人，如果李鴻章要借洋款，他們要不要直隸總督衙門的印票，回答是：「都說還要關票。」

聽得這一句，左宗棠笑逐顏開，他一直自以為勳業過於李鴻章，如今則連辦洋務都凌駕其上了。這份得意，自是非同小可。

胡雪巖這麼一捧，左宗棠直覺得自己猶若丈八金剛，奇偉無比，對於捧人的胡雪巖，自然也生出極大的好感，對胡的其他活動，也就欣然支援了。胡雪巖結交左宗棠，這是一個非常重要的手段。

不僅是口頭上恭維，胡雪巖還非常注意給左宗棠捧場面。

左宗棠外放兩江總督，中途要在上海停留。胡雪巖提前安排古應春回去安排安排，聯絡洋人，在左宗棠抵達上海時，上海英、法兩租界的工部局，以及各國駐滬海軍，都以很隆重的禮節致敬。經過租界時，租界派出巡捕站崗，列隊前導，尤其是出吳淞口閱兵時，黃浦江中的各國兵艦，都升起大清朝的黃龍旗，鳴放二百響禮炮，聲徹雲霄，震動了整個上海，都知道左宗棠到上海來了。這樣一來，左宗棠自然喜不自禁，暗中更加欣賞胡雪巖了。

左宗棠喜歡捧，胡雪巖就專在捧上下功夫。這種善「摸」的本事絕非雕蟲小技，而是做事有成的敲門磚。

胡雪巖崇尚：
「有錢大家一起賺」
「不搶同行的飯碗」
「吃虧就是佔便宜」
「先做朋友後做生意」

他以誠待人，以信交友，
使自己的名字成為信譽的代名詞，
成為一塊縱橫商海的「金字招牌」。

交字訣：

以交朋友的態度去做生意

胡雪巖能看到別人看不到的問題，
抓住別人抓不住的機會，
辦成別人辦不好的事情，
賺到別人賺不到的錢。

商人做生意為求利是天經地義的事，誰能賺得到更多的金錢，求得更大的利益，誰就是英雄。

守、摸、交、創、變、打、快、破、面、勢、佈、跳、誠、誘、挺、信、生、攢、研、藏、送、留、情、險、善

傾力結交新朋友

胡雪巖畢竟是個商人，他與人結交往往帶有很強的目的性和針對性。在晚清時代，沒有保護生意是不可能做大的。胡雪巖看準了這一點，便傾力結交新朋友。

胡雪巖很快明白了在那個特殊時代商業要想大發展的因應之道：尋找保護。

要尋找保護的辦法很多，首先是繼續幫助有希望、有前途的人。在這一點上，對於王有齡絕對適用。家中如何用度、個人是寒是暖、上司如何打點，都是胡雪巖的幫助行列。隨後是何桂清。因為有了幫助王有齡的成功例子，胡雪巖對何桂清更是不惜血本。為了他的升遷，一次可以放出一萬五千兩銀子；為了他的歡心，也為了日後自己的商業，忍痛把自己的愛妾轉贈於他。

胡雪巖其實是在替這些有前途之人出謀劃策。旁觀者清，胡雪巖明白，辦團練，漕米改海運，購軍火，借師助剿，所有這些應時之辦法，雖然是繞了一道彎，是在代他人操勞。但是到了最後，無非是幫助這些人得到朝廷賞識，鞏固自己的地位。有了這些人的穩固，自己的商業勢力也就有增無減了。

何桂清在蘇浙之日，為朝廷出力甚勤，所以在這一帶的影響日盛。為了這個緣故，胡雪巖的點子也有了市場，他的商業也有了依託。他個人在經營中逐漸衝破了先前的錢莊的經營觀念，開始在以官府為後盾的前提下向外擴張。這一擴張預示了胡雪巖在商業上必將稱霸東南半壁江山。此時的胡雪巖，因為嘗到了在官僚階層中擴充勢力的甜頭，他是再也不會回到舊有的經營觀念中去了。

何桂清、王有齡土崩瓦解之日，胡雪巖已經開始在為自己尋找新的商業保護人。這一次的尋找是有意識的，不過也不得不遷就時局，此時左宗棠這樣一位世紀人物就出現了。

左宗棠在位之時，胡雪巖為他籌糧籌餉、購置槍枝彈藥，購買西式大炮，購運機器，興辦船務，籌借洋款。這些事耗去了他大部分精力。但是胡雪巖樂此不疲。

第一、因為這些事本身就是商事，可以從中獲利。

第二、因為左宗棠必須有了這些東西，才能安心平撚剿回，興辦洋務，成就功名大業。

左宗棠是個英才人物，其事業日隆，聲名日響，他在朝廷中的地位日益鞏固，胡雪巖就愈加踏實。

胡雪巖以結交朋友做生意的方式，是他個人的聰明，但也是那個時代的無奈。

跟同行講合作不講對抗

一個人的知識和能力總是有限的，如果光憑自己獨闖天下，往往難以成功，即使一時成功了，最終也難免失敗。要講交朋友，跟同行交朋友就顯得更加重要。

在商言商，胡雪巖自然明白商而成幫、互助互惠的道理，因此，他設法聯絡同行。湖州南潯絲業「四象」之一的龐雲繒就是胡雪巖過從甚密的朋友。龐雲繒，祖籍紹興，「童年十五習絲業，精究利病……鎮中張氏（指張源泰）、蔣氏（指三松堂蔣家）初與公合資設絲肆，大售，眾忌其能，斥資以困之。公遂獨操舊業……數年捨去，挾資歸裡，買田宅，辟宗祠，置祀產，建義莊，蔚然為望族。」可見，此人亦非等閒之輩。鴉片戰爭以後，列強把中國當作農副產品和工業原料的供應地，南潯輯裡湖絲大量外銷，胡雪巖在同治年間也開始做絲生意。

一八七五年（光緒元年），左宗棠寫信給胡雪巖說：「近與俄人談及伊國意在銷售湖茶及川絲、大黃等物，若能辦通，亦中國一利源也。」經此鼓勵，胡雪巖的絲業做得更大了。錢莊出身的胡雪巖對絲業是外行，於是，他尋求與居湖絲產地、對生絲頗為內行的龐雲繒合作。兩人攜手，資金充足，規模龐大，聯繫廣泛，從而在絲業市場上形成氣候。蔡冠洛著《清代七百名人傳》說：「光墉所營絲茶葉……豐財捷足，操縱江浙商業。」《光緒實錄》上也說：「光墉所營以絲業為巨擘，專營出口，幾乎壟斷國際市場。」

其實，當時蠶絲的國際轉運和行情操於洋商之手，這裡所謂的「壟斷」當指胡雪巖在華商中把持蠶絲的國際業務。當然，合作是互惠的，胡雪巖做絲生意得到龐雲繒的幫助。反過來，他也向龐雲繒傳授了經營藥業的經驗，後來，龐氏在南潯開了鎮上最大的藥店——龐滋德國藥店，與設在杭州的胡慶餘堂關係密切。

實際上，胡雪巖生意的成功很大一部分也是得自同行同業的真心合作。胡雪巖的每行生意都有極好的合作夥伴，而幾乎他的每一個合作夥伴，都對他有一個「懂門檻」、夠意思的評價。

在他發跡之後，他也時刻不忘記對同行、特別是對下層商人的提攜。

浙江慈溪人嚴信厚（一八三九至一九〇七年、）幼時在寧波恆興錢肆當學徒，後來到上海寶成銀樓任職，同治初年，就是在胡雪巖的推薦下，得以進入李鴻章幕下，被派任李軍鎮壓撚軍的駐滬襄辦餉械。

一行生意，同行之間由於經營內容的相同，也就意味著要分享同一市場。對同一市場的分享，也就是利益的分享，因此同行間的競爭也是必然的和不可避免的，而為了各自利益，同行間互相忌妒，以至於由忌妒到傾軋、競爭，成了同行間的常事。在競爭中或者一方取勝，另一方被迫稱臣；或者兩敗俱傷，第三者得利；或者一時難分勝負，雙方維持現狀，醞釀新的一輪競爭。這似乎是我們都能理解的，也似乎是我們大家也都能認可的市場規律。

在這種循環中有沒有既不觸動對方利益、己方又能得利的第三條路可走呢？其實，做生意有分歧、爭論是難免的。只有忍讓，只有記住對方的好處和友誼，只有多為對方著想，只有多為共同的事業著想，求大同存小異，才能長久共事。這的確是金玉之言。

如果你想交朋友，天下到處都是朋友，如果你處處對抗，則天下到處都是敵人。但是有一點必須牢記：只有會交朋友的人才算會做生意。

胡雪巖能看到別人看不到的問題，
抓住別人抓不住的機會，
辦成別人辦不好的事情，
賺到別人賺不到的錢。

創字訣：

依靠創造性開創局面

商人做生意為求利是天經地義的事，
誰能賺得到更多的金錢，
求得更大的利益，誰就是英雄。

守、摸、交、創、變、打、快、破、面、勢、佈、跳、誠、誘、
挺、信、生、攬、研、藏、送、留、情、險、善

冒大風險創大機會

有些機會就算明擺在面前，未必人人都能利用這個機會，因為一般人對看似泰山壓頂的風險望而生畏。胡雪巖做生意既善於撿機會，更善於透過冒大風險去創造機會。

胡雪巖在湖州做生意時，與洪幫勢力的誠心結交，是其經營生涯中極為精彩的一筆。這一年，王有齡補了湖州知府的實缺，要去湖州府上任。啟程那天，胡雪巖和一幫朋友，定訂了五艘大官船，滿載禮物饋品、地方土儀，陪唱戲子，在船上開桌子擺酒，張張揚揚、風風光光，替王有齡送行。

船行至湖州境內，兩岸的桑林引起了胡雪巖濃厚的興趣。憑藉職業的敏感性，他仔細觀看河邊，見桑林連綿，無邊無際，有如綠色海洋，寬闊浩瀚。如此廣大的桑林地帶，該養活多少做絲的農家！

胡雪巖怦然心動，叫過船家詢問，船家告之說，湖州自古為絲米之鄉，農家終年三件事：栽桑，養蠶，種稻。湖州絲品質上乘，運銷海內，連上海外國洋行的絲廠，也要到湖州採購生絲呢。

說者無意，聽者有心。胡雪巖暗暗叫好，他早就有心要做生絲生意，但苦於無從下手，沒想到卻在湖州地面發現機會。做生意講究天時，地利，人和。胡雪巖盤算，眼下正當產絲季節，可謂天時，湖州為產絲地方，正合地利，最後一個也是頂頂重要的條件，王有齡赴任湖州，自大一方，令行禁止，誰敢不從？可做絲生意的強大靠山。

想到就做，當夜，胡雪巖同王有齡在艙裡促膝長談，提出了自己的設想。

王有齡不懂經營生意，但會用人，他相信胡雪巖具有經濟天賦，只要放手去做，必會大發利市。自然言聽計從，支援他在湖州開辦絲行。

當王有齡在湖州府衙大堂坐定時，胡雪巖的絲行也在湖州城開張了。他原以為憑藉知府大人的權勢，湖州百姓自會源源不斷將生絲送到絲行來。但開張幾月，門可羅雀，眼見同業絲行生意興隆，自己卻無絲可收。胡雪巖猜測其中定有蹊蹺，於是派了一個貼心夥計四處打聽，到底是誰從中作祟？沒過幾日，小夥計滿載而歸，把打探所得告訴胡雪巖。

湖州的絲行，統歸「順生堂」調遣。「順生堂」雖是民間會社，來歷卻非同一般。

明朝崇禎四年，燕人洪盛英中進士，官拜翰林，他為人精明練達，慷慨好義，豪俠之士紛紛慕名而來，投拜在他門下，時人稱他「小孟嘗」。後來清軍入主中原，洪盛英聯合明朝遺民進行反清活動。後戰敗陣亡。其徒眾撤至臺灣，在鄭成功指揮下，創立「運論堂」，此為江湖「洪門」最早的秘密會社。

雍正九年，清兵火燒少林寺，洪門子孫四散逃跑。翰林學士陳近南力諫朝廷停止摧殘少林寺，未能如願。陳近南回湖北故鄉，收羅洪門弟兄，以「洪」字為結盟之姓，創「三合會」組織，各地紛紛回應，借洪門為招牌，創立「天地會」、「哥老會」、「義興黨」等洪門團體，從此，「洪幫」在江湖上形成了浩大聲勢。湖州「順生堂」是「洪幫」在湖州的一個分支，以「洪門」為正宗，信奉五字真言：明大復興一。本來，洪幫與清朝對峙，屢遭朝廷剿圍取締，處於地下狀態。但洪幫人多勢眾，深受百姓擁戴，清兵剿而不滅，愈剿愈多，反有燎原之勢。同時，從洪幫分出的青幫也與洪幫遙相呼應，成犄角之勢，朝廷對洪幫的態度也只有漸漸改變，改剿為撫，收買籠絡為上。

湖州順生堂打出「安清順民」的旗號，保境安民，排解糾紛，官府對它並不反感，時時還要借重它安撫民心，防止變亂。順生堂在湖州的主要財源，乃是壟斷生絲收購。湖州盛產生絲，每到收絲季節，順生堂派出人員，保護商道安全，維護絲行秩序。絲行同業按一定比例繳納保護費，大家相安無事，各不侵犯。胡雪巖貿然開設絲行，觸犯了順生堂的利益。順生堂懾於知府權勢，並不公開與他作對，暗地裡卻傳令養蠶人家，不得賣絲予胡雪巖。順生堂的命令，在湖州百姓心目中有如聖旨，違抗不得。若有違反，便是違犯了洪門家法，輕則棍打、掛鐵牌，重則活埋、凌遲、三刀六洞。

胡雪巖瞭解到上述情況，暗暗責備自己粗心大意，竟忘了江湖弟兄們的存在。有道是到了鄉門，先拜土地，順生堂便是湖州的土地神，沒有它的首肯，胡雪巖一個子兒也休想拿走。

胡雪巖備下了厚禮，去順生堂拜見堂主尹大麻子。

尹大麻子在洪門是有一席之地的，他的祖父是洪門盟主朱洪竹的關門弟子，惠及子孫，尹大麻子便做了湖州洪門的首領。他好勇鬥狠，武藝不凡，性情暴烈倔強。有一次，順生堂弟子因械鬥犯案，官府緝拿兇手，尹大麻子挺身而出，力保弟子無罪。知府冷笑道：「你若能將身上的肉削下作保，可不予追究。」尹大麻子一聽，手持牛耳尖刀，大堂之上，眾目睽睽，他用刀尖從兩頰削起，一共削下十五塊蠶豆大肉塊，鮮血淋漓，恰恰符合被押的十五個弟子之數。知府大驚失色，只得放了洪門弟子，賜酒為尹大麻子嘉勉。從此，尹大麻子臉上佈滿十五個疤痕，成了名副其實的「麻子」。

如此俠義剽悍，只可做友，不可成仇。胡雪巖告誡自己。

順生堂遠在湖州郊外，一處僻靜園林。四周古柏森森，白鶴飛翔，樹木蔥蘢處挑出飛簷翹角，原是道觀改造而成的。

胡雪巖一行來到順生堂門前時，尹大麻子早已在門外等候，他身材魁梧，滿臉黑肉，那十五塊疤痕星羅棋佈，觸目可見。胡雪巖猜想他便是堂主，於是滿臉堆笑，上前拱手為禮，寒暄道：「久聞堂主大名，前來打擾。」哪知尹大麻子冷若冰霜，無動於衷，逼視他良久，忽然開口道：「客從何山來？」「錦華山。」「山上有什麼堂？」「仁義堂。」

「堂後有何水？」「四海水。」「水邊有何香？」「萬福香。」

見胡雪巖對答如流，山名、堂名、水名、香名，絲毫不差。尹大麻子略一停頓，又道：

「三子結拜？」「義重桃園。」「天下大亂？」「英雄志立。」

「嗯，」尹大麻子神色緩解，對方懂得順生堂的內外口號，說明來意為善，他又問：

「來客知書識禮，聽說會做詩？」

胡雪巖答道：「詩不會做，卻會吟，錦華山上一把香，五祖名兒到處揚；天下英雄齊結義，三山五嶽定家邦。」

聽到此，尹大麻子綻開笑容，拍拍胡雪巖的肩膀道：「失敬，失敬，堂規如此，不得不防，不要放在心上。」原來，洪門為了防止官兵偷襲，制定了見面的許多暗號，局外人渾然不知。來客若是對答有誤，必懷異心，那麼兵刃相見，一場惡鬥就不可避免了。胡雪巖慶幸預先請教了洪門弟子，才順利透過盤查。

順生堂的香堂上，正中設天帝位，上懸「忠義堂」匾額，置三層供桌：上層設羊角哀、左伯桃二人位，中層設梁山宋江位，下層設始祖、五宗、前五祖、中五祖、後五祖、五義、男女軍師和先聖賢哲等位，各用紅紙、黃紙書寫。與青幫香堂不同的是，洪幫講究一個「義」字，並特別突出。義薄雲天，做生意亦要講義，看來洪門與我有緣。胡雪巖邊看邊想。

香堂上的用物，都非擺設，有很深的含義。如香爐寓有「反清復明」之意；燭臺、七星劍則有「滿覆明興」之意。尺和鏡用來衡量門下弟子的行為。這一切外來人很難理解。堂上張掛紅燈，其中外層三盞、中層八盞，內層二十一盞，正合「洪」字拆開為「三八二十一」的筆畫。

尹大麻子帶領胡雪巖看過香堂，小廝在堂下擺上茶具，招呼客人入座。一套宜興紫砂茶具，古樸大方，上等的碧螺春茶芬芳婸婸。尹大麻子對小廝輕聲喝道：「走開！」自己操起茶壺斟茶水。胡雪巖正被他的殷勤好客所感動，堂主親自斟茶，面子夠大了。但卻看出蹊蹺：尹大麻子將茶壺嘴對著茶杯把兒。猛然間他省悟過來，這是江湖上茶壺陣的一個問句：你到底是門外還是門內？

胡雪巖從容地將茶杯嘴對著茶壺嘴，重新擺定，意即：嘴對嘴，親對親，都是一家人。

尹大麻子不語，將左手掌向上並攏三指，右手掌向下握緊四指，捧茶杯遞給對方。胡雪巖知道他用「左三老右四少」的幫規考查自己，便以左手掌向下搭在杯口、右手掌朝上托住杯底，將茶杯接過，此為「上三老、下四少」的手勢，意為幫中自謙者。尹大麻子把兩個衣袖頭的上邊翻開，用大拇指擋住。胡雪巖則順便解開衣襟第二、三個鈕襻，表示胸懷坦蕩，無所顧忌之意。做完這些，尹大麻子才完全放心，胡雪巖是來結友，並非刺探。他仍不言語，繼續在茶桌上擺弄茶杯。八個茶杯圍成一個大圈，開口處置放茶壺，意即：「虎口奪食，欺人太甚。」胡雪巖將茶杯擺成雙雁行，茶壺放在領頭，回答他：兄弟同行，有福同享。

尹大麻子把五個杯子擺成半弧形，將三個杯子倒扣在弧內，意為：權勢壓頂，魚死網破。胡雪巖明白他指責自己倚仗知府勢力強行收絲，表明不服的意思。胡雪巖將一張銀票壓在三個杯子下，說明以票致歉，多有得罪。尹大麻子將兩個杯子一個朝上，一個朝下，表示湖州地盤狹小，一山難容二虎，雙方難以共處。胡雪巖笑笑，將八個杯子合在一起，又用茶壺在另一邊倒一攤茶水。明白向尹大麻子建議：我們合作一塊兒，共同對付外洋。

尹大麻子眼睛一亮，起身向胡雪巖拱手道：「幸得先生指點，幾乎壞了大事！」局外人並不知道他倆擺的茶碗陣內容如何，都對尹大麻子突然拜服感到詫異，唯有胡雪巖頷首微笑，端起茶杯吹拂茶沫，一副心領神會模樣。

胡雪巖精於買賣行情，湖州甫至，便把當地收絲行情打聽得一清二楚。按時價，當地每擔上好生絲不過二兩銀子，而據他掌握的情況，上海洋商出口到英倫三島的生絲啟運價達每擔十一兩銀子，兩地相差五倍之多。胡雪巖為洋商利潤之高而咋舌。洋商在湖州壓價收絲，固然因為湖州交通不便，百姓消息閉塞，洋人鑽了漏洞。更因為順生堂為維護當地秩序，獲得穩定財源而聽任洋人壓價，為「洋」作倀的結果。胡雪巖打算與尹大麻子攜手合作，壟斷生絲收購，把洋人擠出湖州地面，便可與洋人討價還價，提高生絲價碼。

尹大麻子並不傻，他明知洋人收絲壓價，苦於無好搭檔合作，壟斷生絲市場。所以當胡雪巖主動提出團結一致、對付外洋時，尹大麻子如遇知音，腦中一亮，立刻放下架子，向胡雪巖致歉認輸。以胡雪巖的財力，加上知府為後臺，順生堂若和他攜手，該是多麼理想。一旦壟斷可行，順生堂的財源將如滾滾巨流，前景極是誘人。

胡雪巖好生得意，茶壺陣中，他又勝一招。

兩人不再打啞謎，擺上酒席，觥籌交錯，推杯把盞，煞是親熱。席間，胡雪巖和尹大麻子約定，合夥做蠶絲生意，壟斷湖州市場，把洋人擠出湖州。

以後許多年間，湖州洪幫為胡雪巖所用，成為打擊洋商、壟斷絲行的得力助手。

作為一個商人，能夠勇闖幫會堂口，刀架在脖子上而面不改色的風險只有胡雪巖敢冒，所以只有胡雪巖能創造出這樣大的機會。

以創造性手段鎖定勝局

古今中外，對某類特殊人才的爭奪是並不鮮見的。有時候爭來一個人才就可能鎖定勝局，但爭得特殊人才就要用創造性的手段。胡雪巖可謂個中高手，這在其巧收神算子李治魚事中可見一斑。

李治魚的身世與胡雪巖相同，也因家貧少讀書，自幼進錢莊學徒，從小廝、夥計、總管一步步提起來，對錢莊業務十分熟悉。他尤其精於算術，口算神速，曾有同行用算盤與他比試，對方看著帳本劈裡啪拉尚未撥完珠子，他已提前報出數字，且毫釐不差。人們驚歎為「神算子」，遂稱李治魚為「神算李」。神算李過目不忘，記憶力驚人，錢莊積年老帳，高齊屋樑，倘要查看，不勞動手，只問神算李年月期號，他便一口報出，清楚明白，從無謬錯，神算李在錢莊是塊寶，與胡雪巖並稱錢莊雙璧。同行提起「永康李，信和胡」，無不嘖嘖歎服。

也許各有仗恃，李治魚與胡雪巖並無交情，且互相側目，都不服氣。有時偶爾相遇，不是反唇相譏、刻薄挖苦，便是抬頭望天，冷臉相對。但胡雪巖此時需要他，肚量大了許多，不再計較他的小氣。麻煩的是如何把「神算李」這塊寶從「永康」錢莊挖過來，放在自己的錢莊裡。

此事不易辦到，永康錢莊老闆趙得貴為人厚道，待夥計不薄，尤其視李治魚為親生兒子一般，薪餉優厚，敬為上賓，據聞有意把獨養嬌女玉菡許配給他，招贅為婿。李治魚事實上已成了永康錢莊老闆，豈有跳槽的道理。

胡雪巖考慮到這些，幾乎喪失了信心。他是個說做就去做，認準了目的就決不放棄的人。直覺告訴自己，若想做大事業，非要挖來李治魚不可，否則將來李治魚成了老闆，與胡雪巖分庭抗禮，必是強勁對手，那時後悔也來不及。主意打定，胡雪巖眼珠兒亂轉，思考從何處入手？驀然，他腦子裡跳出一個人來，喜得大腿一拍：就是她！

於是急忙來到杭州一個僻靜處，尋著一家院門拍開，一個油頭粉面徐娘半老的婦人見了胡雪巖便叫道：「哎喲！討帳的人來啦！」「馬二姑，今天不討別的帳，只為一樁人情帳。」胡雪巖笑嘻嘻地進了門。馬二姑是杭州城有名的媒人，常周旋於達官貴人、太太小姐之間，拉纖說媒、撮合姻緣，胡雪巖曾向她討過帳。

馬二姑瞅他一眼，調侃道：「又瞧上哪家的姑娘了，要討來做姨太太？作孽！」

胡雪巖道：「撫台黃大人的三姨太因家事想不開，吞金而去，黃大人悲慟萬分，幾乎不理公事，大家張羅著給黃大人另說一門親，以慰枕邊寂寞。」

馬二姑愣住了，給撫台大人提親說媒，可是天大的面子。「黃大人納妾，姑娘家的門楣不能低，不知誰家姑娘有這樣的福氣？」

「全杭州好人家的姑娘都在妳腦子裡裝著，還能難到哪裡去？」胡雪巖恭維道：「選那快出閣的，模樣兒看得上眼的姑娘，黃大人若是喜歡，少不了妳的好處。」

馬二姑心花怒放，屈指細算：「東門劉舉人的姑娘腳太大，西湖邊趙財主的大女可惜對對眼，北拱橋姜秀才的女兒又害了癆，永康錢莊的趙老闆女兒玉菡正當年，才貌雙全，但又聽說……」

「聽說什麼？」胡雪巖急切打斷她的話問。

「聽說趙老闆有意招神算李為婿，故玉菡一直未聘人家。」

「只要新人未入洞房，此事還可再議。」胡雪巖提醒道。馬二姑點頭稱是：「黃大人封疆大吏，多少人家巴望高攀，玉菡娶過去，趙老闆一步登天，成了撫台岳丈，妒煞許多人。」

兩人商議已定，胡雪巖馬不停蹄，直奔撫台衙門。你道胡雪巖膽大包天，竟敢未和黃巡撫商量便擅自做主？原來黃大人好色成性，與王有齡、胡雪巖常一起喝吃花酒、枕牙床，成了熟悉的嫖友。胡雪巖曾向黃巡撫打包票，替他尋一個出色的杭州姑娘做姨太太，一直未物色定，不想今日念頭一轉，正應了這樁姻緣。

門子通報進來，黃巡撫立刻傳見，聽了後眉開眼笑：「果如老弟其言。本大人立刻補你實缺。」胡雪巖叩謝再三，黃大人吩咐開五百兩銀票做聘金。交馬二姑前去趙家說媒。

馬二姑有巡撫大人做主，腳下升風，飛快來到永康錢莊，面見趙老闆夫婦，說起來意，兩口子都傻眼了。本來，玉菡已到了出閣年齡，媒人紛至遝來，趙老闆有心招婿，籠絡神算李，保住錢莊生意，故放出口風，謝絕了媒人。沒想到，巡撫黃大人竟鍾意小女，欲娶為妾，白花花的五百兩聘銀耀眼奪目，這事並非兒戲。

趙老闆心眼活動，飛快盤算：神算李再好也是個夥計，且出身低微，而巡撫黃大人，一省高官，聖眷正隆，權勢熏天，十個錢莊也抵不過，俗話說人往高處走，水往低處流，不攀高枝就蒿草，是傻瓜才做的事。趙老闆想定了，直拿眼瞅了瞅太太。趙太太還有些猶猶豫豫，她近來已把神算李當女婿待，好得不得了，忽然間又要變卦，臉上有些放不下來。馬二姑自然明白。忙勸道：「女兒家留不住，早晚是人家的，嫁給黃大人，一步登天，著金戴銀，榮華富貴，是她的造化。若受大人寵愛。早晚間扶了正，便是二品夫人誥命冊封，風光無比，耀祖光宗，福及子孫，天大的好事情，可惜我命苦，沒有女兒，撈不到這等美事。」

一番如簧巧舌，說得趙太太默默無語，誰家母親不疼女。自然要替女兒前途打算了。

此事已定，馬二姑喜孜孜地趕回撫台衙門報喜訊，討要口彩。黃大人誇她能幹會辦事，賞了五兩銀子。兩家按部就班，各自行事，不出半月，娶期已臨。一乘花轎兒，吹吹打打的一行人，將玉菡姑娘抬離趙家、直往撫台宅院。因為娶妾，並非正室，所以免了不少禮數。黃巡撫只請了幾桌至親好友、幕僚同事。胡雪巖也在被請之列，令他喜出望外：若非斡旋此事，以區區候補縣員怎有資格忝列酒座，與撫台舉杯對酌？這可算是意外的大收穫。

黃大人抱紅偎翠，與玉菡共赴高唐，行雲播雨，大做巫山好夢時，可憐神算子李治魚，一場招贅美夢頃刻化成泡影。只得躲到小酒店裡猛喝悶酒，借酒澆愁。

胡雪巖看在眼裡，喜在心頭，他的如意妙算已走對了一半，不怕神算李跳出他的手掌心。

玉菡姑娘出閣後，李治魚如遭霜打的瓜秧，病懨懨地無精打采。趙老闆自知有愧，也不來管他。主僕之間，便不如前，關係疏遠了許多。

有一天，藩司陳師爺前來永康錢莊存銀，臨收銀票時，直嚷不合數，少了八百兩的票子。李治魚再三申辯已全數付給，陳師爺只是不肯，吵鬧起來，驚動趙老闆，一看不是小數目，忙核查帳目、對證銀票，希圖找出紕漏之處。不知怎地，神算李此時卻失掉記憶，結結巴巴答不出帳數。趙老闆查不到原因，只好自認晦氣，補足陳師爺銀票，心痛了好些天。

又有一次，一個風塵撲面、行商打扮的外地人，來到永康錢莊，點著名字找神算李。

恰巧神算李因公外出，那人口口聲聲說有重要對象轉交。趙老闆親自接待，費了許多口舌，才弄明白此人遠在雲南，和李治魚合夥做藥材生意。近來獲利，特奉送利銀。並留下一包袱銀錠。趙老闆氣得發昏，打開包袱一看，足足上千兩雪花銀。夥計私下做生意，為錢莊行業大忌，說明對主人不忠，有借錢莊發財的嫌疑。待李治魚回來，趙老闆嚴加盤詢，李治魚竟矢口否認，一問三不知。主僕之間，從此有了嫌隙。

便有好妒者向趙老闆耳邊嘰咕：神算李做不成趙家女婿，想必記恨在心，有了別意。趙老闆深信不疑，暗中提防。合該李治魚敗運，時近深冬，天寒地凍，這晚由李治魚當值，為抵禦寒氣，在室中生火取暖。目蒙目龍中忽被響聲驚醒，見屋內火光沖天，煙霧彌漫。鄰居一齊救火，好容易撲滅，門面已焚燒大半，積年的帳冊也付之一炬。趙氏夫婦痛心疾首，呼天搶地，把一腔子怨恨都潑到神算李身上。李治魚見老闆翻臉無情，一跺腳，頭也不回地離開了永康錢莊。於是謠言伴著神算李一路播撒開來：李治魚暗算老闆、虧空巨款，做假帳糊弄趙老闆，唯恐被查坐實，便縱火燒毀積帳，來個灰飛煙滅無對證。

如此險惡的用心，本事再大的總管，走遍天下錢莊，東家也沒有敢用的。於是李治魚的下場，比當年逐出信和的胡雪巖還要糟糕透頂。不但沒有人替他洗雪冤屈，疑雲還愈積愈重，像一座大山壓在他頭頂，喘不過氣來，欲置於死地。李治魚空懷絕技，在杭州街頭流浪，屢遭白眼，又氣又急，看看囊中空空，只得含淚到鄉下投靠親友。

這日，李治魚在崎嶇山道踽踽而行，冬雪皚皚，遍山披素，他衣衫單薄，肚中饑餓，掙扎著來到一座土地廟，只覺天旋地轉，腳下一軟，撲通倒在牆角，便無力再爬起身。不知過了多久，隱約聽見耳邊有輕聲呼喚：「李師兄、李師兄！」睜眼一看，身邊有兩名漢子攙扶著自己，眼前一碗熱氣騰騰的雞湯。不遠處站著一個主人模樣的男子，頭披棉猴，身著貂皮大氅，腳登雲紋繡花高靴，十分富貴氣派。

「李師兄，還認得小弟麼？」聽著耳熟，李治魚定神一瞅，脫口而道：「你不是信和的胡雪巖麼？」

胡雪巖看著自己親手導演的這幕悲劇，得意萬分，幾乎笑出聲來。人生不過遊戲，自己儼然是個高明的遊戲大師，玩弄他人在股掌之間，眼前再加一點勁，神算李便為我所用了。想罷，胡雪巖做出悲慟欲絕的模樣，頓足道：「小弟恰路過此地，要去鄉下拜訪故人，不想遇到師兄病倒在此，真是意想不到。」

李治魚咬牙切齒道：「都是姓趙的不仁不義，翻臉無情，害得我無處吃飯，此仇不報誓不為人。」

胡雪巖道：「君子報仇十年不晚，你我師兄弟都是錢莊出身，身懷絕技，卻為它人作嫁，到頭反被一腳踢開，這帳早晚要算，師兄且隨我來從長計議。」

一行人來到一家路邊小店，胡雪巖叫來一個羊肉火鍋，一盤白切雞，一盤豬頭肉，另有粉皮花生幾樣佐酒菜，滿斟花雕，請李治魚先飲。李治魚也不客氣，幾杯酒下肚，恢復了體力。

胡雪巖問：「李師兄，到鄉下有什麼好活計？」

李治魚歎道：「無非割麥插秧，笨重農活，只求果腹而已。」

「可惜一身銀錢絕技，卻派不上用場，難道就這樣英雄末路，委屈一生？」

「惡名在外，誰還敢雇用我，只好認命。」

胡雪巖目光炯炯，逼視他道：「若有人相信師兄的為人，不信邪說誣陷，請師兄回錢莊主掌總管，你意下如何？」

李治魚疑惑道：「真如此，便是重生父母、再造爹娘，亦不為過，但誰如此大膽，敢違抗同業大會的意願？」

「此人遠在天邊，近在眼前，便是小弟我。」

「果真？」

「小弟與師兄同業同行，英雄悅英雄，惺惺惜惺惺，對師兄向來極為敬佩，今日願請師兄主掌錢莊，共同創一番事業。」

李治魚愕然道：「你在說誑語？開錢莊哪來這許多本錢？莫非劫道發了橫財不成？」

胡雪巖笑道：「不瞞師兄，小弟自離開信和後，與一位貴人結為好友，受他委託辦一家錢莊，正缺好手，師兄如不棄，可來做個總管，如何？」

李治魚方知是實，絕境之中，如從天上掉下的一樁美差事，求之不得，如何不肯？當下便感激涕零，要給胡雪巖跪謝大恩。胡雪巖忙扶住他說：「自家弟兄，不必如此拘禮，今後務必同舟共濟，共興錢莊大業。」又掏出一個二千兩的摺子給他，說：「從現在起，師兄便是阜康錢莊的總管，每月定餉十兩，年底另有花紅，這摺子拿去，隨取隨用，買房子、雇夥計、購雜物，任你支派，不夠再說一聲，我隨時補上。」

一番真言實語，慷慨大度的安排，令李治魚心悅誠服，高叫道：「雪巖老弟不必多慮，只看咱神算李手段！」

胡雪巖道：「從此以後，咱弟兄倆如同一根線上的螞蚱，同呼吸共命運，吃香喝辣，都在一塊兒。」他內心明白：在錢莊事業的基礎上，奠下了一塊無價之寶。

胡雪巖巧收神算子的手腕自然稱不上光明正大，甚至還有些卑劣，為崇尚道德之士所不齒。但從創造性的手段這一點來看，胡雪巖代表了那個時代的智慧。

變字訣：

以變應變掌握主動權

胡雪巖能看到別人看不到的問題，
抓住別人抓不住的機會，
辦成別人辦不好的事情，
賺到別人賺不到的錢。

商人做生意為求利是天經地義的事，誰能賺得到更多的金錢，求得更大的利益，誰就是英雄。

守、摸、交、創、變、打、快、破、面、勢、佈、跳、誠、誘、挺、信、生、攬、研、藏、送、留、情、險、善

機緣往往於變化之中獲得

我們沒有理由害怕變化，恰恰相反，如果能以「變化才是正常的」這樣一種心態面對變化，你就會發現，機緣正是藏於變化之中的。

變化之中有機緣，只說明了機會的存在，而更重要的是在於在變化之中發現機緣、把握機緣。古人所云：「識時務者為俊傑」，何謂時務？不難解釋，時務就是指世事的發展變化趨勢。識時務，就是指根據這種發展變化趨勢去尋找把握機緣，決定自己何去何從。

任何世事的構成或運動變化都是由系統內外條件和多種因素決定的。當某些條件和因素達到一定的排列組合和結構狀態時，只要從系統外部再加入一定的能量、資訊或物質，整個世事就會發生結構上的重大變化，而身處局內之人就可能會因此而被捲入這一變化之中。即將發生變化的這一轉捩點可以稱為「事機」。世事的事機對應著的時間數軸上的某一點，被稱為「時機」。事機和時機統歸於「時務」的涵蓋之下。時務在事機和時機之上更具有待選擇、決策和行動的意味。抓住時機和事機選擇、決策和行動，能出現更高的工作效率，不僅時效高，效能大，運動的勢能強，而且實現預期目標的可能性也最大。任何世事在其發展過程中都存在時機和事機，尤其對人生選擇、經營決策、計劃實施等至關重要。能夠較準確地識別時機和事機的到來，並據此做出人生抉擇，即為識時務的俊傑。

胡雪巖就是善於從商場變化之中尋找出機緣、識時務的俊傑。他說：「用兵之妙，存乎一心，做生意跟帶兵打仗的道理是差不多的……除隨機應變之外，還要從變化中找出機緣來，那才是一等一的本事。」

當年胡雪巖的生意正在蒸蒸日上之時，太平軍攻占杭州，就使他經歷了一次大的變故，而且這次的變故幾乎將他逼入絕境。

這次變故有三個方面：

第一，胡雪巖的生意基礎如最大的錢莊、當鋪、胡慶餘堂藥店以及家眷都在杭州，杭州被太平軍占領了，就等於他的所有生意也都將被迫中斷。不僅如此，他還必須想辦法從杭州救出老母妻兒。

第二，由於胡雪巖平日裡遭忌，如今戰亂之中，頓時謠言四起，說他以為遭太平軍圍困的杭州購米為名騙走公款滯留上海；說他手中有大筆王有齡生前給他營運的私財，如今死無對證，已遭吞沒。甚至有人謀劃向朝廷告他騙走浙江購米公款，誤軍需國食，導致杭州失守。這意味著胡雪巖不僅會被朝廷治罪，而且即使杭州被朝廷收復之後，他也無法再回杭州了。

第三，即使不被朝廷治罪，他也不能順利返回杭州，因為失去了王有齡這個官場靠山後，他的生意也將面臨極大的困難。他的錢莊本來就是由於王有齡這一官場靠山得以代理官庫發跡，而他的蠶絲銷「洋莊」，他做軍火，都離不開官場大樹的蔭庇。在胡雪巖那個時代做生意，特別是做大生意，沒有官場靠山是行不通的。

不過，面對這一變故，胡雪巖並沒驚慌失措。之所以如此，是他從表面對他不利的因素中，準確地預見出了可利用的因素：

其一，如今陷在杭州城裡的那些人，其實已經在幫太平軍做事，他們之所以造謠生事，是因為太平軍也在想方設法誘騙胡雪巖回杭州幫助善後，而那些人不願意讓他回杭州。他們造謠雖為不利，但卻並不是不可以利用。胡雪巖根據這一分析，確定了兩條計策：

首先，他不回杭州，避免與這些人正面交鋒，他知道自己的態度一旦明確，這些人就不會再進一步糾纏；其次，胡雪巖不僅滿足他們不讓自己回杭州的願望，而且他還決定自己出面，特別是向閩浙總督衙門上報，說這些陷在杭州城裡的人實際上是留做內應，以便日後相機策應官軍。這更是將不利轉化為有利的極高妙的一招—表面上是給了這些人一個交情，暗地裡卻是把這些人推上一堆隨時可以引爆的火藥，因為如果這些人不肯就範，加害胡雪巖，他可以隨時將這一紙公文交給此時占據杭州的太平軍，說他們勾結官軍，這些人無疑會受到太平軍的責罰。

其二，胡雪巖此時手上還有杭州被太平軍攻陷之前為杭州軍需購得的大米一萬石。當初這一萬石大米運往杭州時無法進城，只得轉道寧波，賑濟寧波災民，並約好杭州收復後以等量大米歸還。這也是一個可以利用的有利因素。胡雪巖決定，一旦杭州收復，馬上就將這一萬石大米運往杭州，這樣既可解杭州賑濟之急，又顯得胡雪巖做事的信義，誣陷他騙取公款的謠言也可以不攻自破。實際上，胡雪巖不僅在杭州一被官軍收復了，便將一萬石大米運至杭州，而且還直接向帶兵收復杭州的將領辦理交割，這樣不單是收到了預期的效果，更得到了左宗棠的信任，並將他引為座上客，並委他鼎力承辦杭州善後事宜。由此，胡雪巖又得到了一位比王有齡還要有權勢的官場靠山。胡雪巖的紅頂子，也就是這一舉措的直接收益。原來看似不利的因素，實際上成了胡雪巖日後重新崛起的機會，真可謂把不利之中的有利因素充分利用到了極致。

胡雪巖面對看似絕境的變化既沒有驚慌失措，也沒有退縮求全，而是積極地從中找機會，並獲取了極大的收益。

懂得變通求成之道

生活中各種各樣的明規則、暗規則很多，如果一板一眼地完全照著去做，注定是死路一條，因為現實總是更加豐富和多變的，你必須像胡雪巖這樣，在遵守基本規則的前提下，有機智變通的手段才能取得做事的最佳效果。

胡雪巖在生意場上很有靈活性，並擅於變通。他說：「犯法的事，我們不做。不過，朝廷的王法是有板有眼的東西，他怎麼說，我們怎麼做，這就是守法。他沒有說，我們就可以照我們自己的意思做。」

錢莊做的本來就是以錢生錢的生意，如胡雪巖與張胖子籌劃的吸收太平軍逃亡兵將的私財，向得補升遷的官員和逃難到上海的鄉紳放款的「買賣」，得來的存款不需付利息，而放出去的款子卻一定會有進帳，豈不就是無本萬利？

可是張胖子不敢做這筆生意。他有自己的道理，他認為，按胡雪巖的做法，雖不害人，但卻違法，因為太平軍兵將的私財，按朝廷的說法無論如何應該算是「逆產」，本來是在朝廷追繳之列的，接受「逆產」代為隱匿，可不就是公然違法？

然而，胡雪巖卻不這樣看。胡雪巖也有胡雪巖的道理。在他看來，犯法的事情自然是不能做的，但做生意要知道靈活變通，要能在可以利用的地方待機騰挪。比如不能替

「逆賊」隱匿私產，自然有律例定規，做了就是違法。但太平軍逃亡兵將決不會明目張膽以真名實姓來存款，必然是化名存款的。朝廷律例並沒有規定錢莊不能接受別人的化名存款。太平軍逃亡兵將額頭上又沒有刺字，既然是化名存款，誰又能知道他的身份？既然不知道他的身份，又哪裡談得上違法不違法呢？

胡雪巖的說法很有些為我所用的詭辯，但也確實透出他頭腦的靈活和手腕的不凡。胡雪巖的說法和做法，用我們今天的一種說法，也就是所謂打「擦邊球」。在市場還處在由無序向有序化發展的時候，有魄力、有頭腦的經商者，往往能夠借助打「擦邊球」的手段，使自己在激烈的商戰中保持主動和領先地位。

不過經商者必須要注意，可以打「擦邊球」，甚至還要勇於打「擦邊球」，但「起板」打「球」的人必須先弄清自己確實打「擦邊球」而不是「界外球」。「擦邊球」是好球，而「界外球」則無論如何都是壞球、臭球，而且，商場上打了臭球、壞球，還往往不僅僅是失分的問題，它帶來的後果，常常就是悲慘地出局。

胡雪巖崇尚：
「有錢大家一起賺」
「不搶同行的飯碗」
「吃虧就是佔便宜」
「先做朋友後做生意」

他以誠待人，以信交友，
使自己的名字成為信譽的代名詞，
成為一塊縱橫商海的「金字招牌」。

打字訣：

該出手時就堅決出手

胡雪巖能看到別人看不到的問題，
抓住別人抓不住的機會，
辦成別人辦不好的事情，
賺到別人賺不到的錢。

商人做生意為求利是天經地義的事，誰能賺得到更多的金錢，求得更大的利益，誰就是英雄。

守、摸、交、創、變、打、快、破、面、勢、佈、跳、誠、誘、挺、信、生、攬、研、藏、送、留、情、險、善

要打就打他個底朝天

胡雪巖精明是人所共知的，但當你面對一個一心想置你於死地的對手時，只靠精明還遠遠不夠。還需拿出一股狠勁兒，不還手則已，一還手就要像痛打落水狗一樣，不給他留下任何機會。

如果還擊對手的進攻能與自己的擴張結合起來，那更是勢在必行。

這一年，清廷財政緊張，發行京票以解燃眉之急。實質上，京票相當於派給錢莊的稅金。福建分得二百萬兩銀子的京票，錢莊同業公會要求各錢莊按財力多寡自行認報數字。這不僅是從自己身上挖一砣肉，錢莊老闆人人裹足不前，會場上悄然無聲。開在馬尾灣的「無昌盛」錢莊老闆盧俊輝坐在會首的位置上，理應率先認報，以身作則，帶動其餘。但他不願吃虧，目光在老闆們當中搜尋，希望找個軟桃子捏，讓他認第一筆數目。通常情況下，第一個報數者起點不能低，否則其餘難以出口，故吃虧顯而易見。盧俊輝忽然發現胡雪巖就在人群中。於是，他對胡雪巖拱了拱手，要求胡雪巖認報二十萬兩京票。

胡雪巖左右為難，分號不足十萬兩存銀，怎能認報二十萬兩？到時不能兌現，必罹欺誑朝廷大罪。他想了一想，便計上心頭，反戈一擊，他說，若會長能認報五十萬兩，則敝號一定從命，不減一文。這巧妙的反擊，使盧俊輝愣住了。元昌盛流動的頭寸不過六、七十萬兩，當然不敢認報如此巨數。

但錢莊同行們紛紛吵鬧，言之有理，盧老闆身為會首，應當帶頭。盧俊輝憤怒至極，卻又不敢發作，好說歹說，只好認報了二十萬兩，削去一塊大肉，也因此恨死了胡雪巖。

回到錢莊後，盧俊輝痛定思痛，諉過於胡雪巖，認為若不是他插那麼一槓子，讓自己下不了臺，則損失不會如此之巨。盧俊輝決心報復阜康分號。錢莊同業中有不成文的規定，各家發出的銀票可以相互兌現，藉以支援信用。除非某家錢莊瀕臨倒閉，失去信用，大家才能拒收這家錢莊的銀票，以免造成損失。盧俊輝為了打擊胡雪巖，不顧同行協定，決定單獨拒收阜康的銀票，動搖胡雪巖的信用。盧俊輝認為，阜康新張，立足未穩，福州人尚不知道它信用如何，來這麼一手，必然會壞它名聲，永無出頭之日，又多一名失敗者。

第二天，元昌盛開門不久，有位茶商持一張五千兩的阜康銀票，到櫃上要求兌換現銀。盧俊輝聽說後，接過銀票反覆看了許久，拒收了這張銀票。茶商大驚，盧俊輝解釋道：「這兩年阜康信用不佳，不得不防。」茶商拿著銀票悻悻而去，聽說福州新設了阜康分號，立刻找上門去興師問罪。

胡雪巖正在店內料理業務，聽到門外有人吵鬧，見茶商揮舞著一張阜康的銀票，要找老闆評理。胡雪巖吃了一驚，忙將茶商請入內室，好茶款待，並詢問緣故。茶商把盧俊輝的話重覆了一遍。胡雪巖頓感事態嚴重。元昌盛是福州老字型大小錢莊，信用足、本錢厚，若拒收阜康銀票，消息流傳世間，立刻就會引起軒然大波。大凡錢莊生意，一旦出現信用危機，無論當事人費多少口舌辯解，都無濟於事。蓋因戰亂年代，風雨飄搖，常有錢莊老闆攜財外逃，宣佈破產，坑害了許多存戶，故一有風吹草動，便如同雪崩一般，引起擠兌風潮。那情景，即使錢莊有足夠的銀子應付擠兌，信用也會慘遭打擊。故而錢莊生意之大忌，就在於拒收銀票。胡雪巖當機立斷，好言安慰茶商，抬出五千兩新鑄的足色官制銀錠，另外按一分二利息加倍奉送。茶商既得厚利，同意保持緘默，不向外面傳佈。

剛一送走茶商，胡雪巖就開始苦苦思索對付的方法。他到福州開阜康分號，原本想擴大業務，吸收福州資本，染指地方經濟。不料開張伊始，就遭這記悶棍，並危及到阜康根本。胡雪巖做生意，一貫主張與人為善、和氣生財，並無擠兌同行、置人於死地之意。誰知盧俊輝不曉得天高地厚，張牙舞爪撲來，只好被迫應戰，尋找勝招。打蛇須打七寸，胡雪巖暗忖：若只是圖個站穩腳跟，略施小計，給元昌盛一點厲害，讓它知難而退，打個平手，並不難辦到。但以他多年錢莊經歷深知，一旦對方扼住了自己喉頭，要置自己於死地，便不能輕饒對方了，反擊必須沈重有力，務求擊中要害，將對方打得趴下，再無翻身之日。盧俊輝既然膽大包天，敢在老虎頭上拔毛，那麼就該自食其果，徹底垮臺，最終讓他乖乖把門面拱手相讓，阜康再乘機取而代之，世人謂之「打碼頭」，才是最終目的。

這個主意，胡雪巖本來並不明晰，在盧俊輝的發難下，愈見清楚，迫在眉睫，非實現不可。雖然手段不免狠毒，但在商場上，只有勝利和失敗之分，別無選擇，胡雪巖必須為保護阜康的信用而拼力反撲。只用了半個時辰，胡雪巖便想好了全部策略，對付盧俊輝這樣的毛頭小子，他自信勝算在握，並非太難。搞垮對方的方法並不複雜，即「以其人之道還治其人之身」。錢莊之間的競爭，爭的是本錢，爭的是信用，誰家存銀足，便會處之泰然，風雨不動；誰本小利微，便處於守勢，不堪一擊。

胡雪巖急於要弄明白「元昌盛」錢莊現在的本錢究竟有多大？發出的銀票有多少？兩者之間的差額如何，這是錢莊的機密。知己知彼，百戰不殆。胡雪巖決心弄到對方機密，再做打算。胡雪巖親自出馬，像老獵手一樣，明察暗訪，尋找獵物。

「元昌盛」夥計趙德貴，近來心緒煩亂、愁眉不展。他賭運奇差，連連告負，已欠債累累、一身賭帳，而這一切，都是可惡的盧俊輝造成的。趙德貴恨死了他。

趙德貴和新老闆的恩恩怨怨，都是由龔玉嬌所引起。這盧俊輝和趙德貴原來都是「元昌盛」老掌櫃龔春和手下的夥計。趙德貴和盧俊輝年歲相當，除模樣兒稍遜一籌外，趙德貴樣樣不輸盧俊輝。當初，趙德貴在後院聽差，天天陪伴在小姐左右，聽她使喚。趙德貴便有充足的時間接近龔玉嬌，做龔家上門女婿的應當是趙德貴，而不是別人。事實上，龔玉嬌深閉閨房，用心讀書時，最貼近她的男性便是小聽差趙德貴。小姐感到無聊時，趙德貴給她捉蛐蛐解悶，小姐困倦時，趙德貴就給她捶腿。趙德貴想入非非，自己篤定是小姐的夫婿了。

天下總有意想不到的事。龔振康讓女兒到櫃檯熟悉帳務，龔玉嬌見到更俊俏更風流的盧俊輝，便移情別戀，日漸冷淡了趙德貴。趙德貴恨得咬牙切齒，真想一刀宰了盧俊輝，情敵之間的妒恨差點使趙德貴失去理智。但終究什麼也沒發生，事情順理成章地發展下去，小姐與盧俊輝結為連理，新的老闆主宰了趙德貴的命運。

盧俊輝似乎知道趙德貴的心理，他對昔日的情敵毫不留情，故意叫趙德貴做最苦最累的工作，還常常克扣他的工資。趙德貴氣得幾乎發瘋，他只有跨進賭場，拼命賭，以此麻醉自己的神經。

這次趙德貴又輸得精光，為避開討債鬼的糾纏，一出賭場，他便專揀僻靜小巷試圖溜回錢莊。可是迎面一聲斷喝，幾個彪形大漢攔住去路，向他討帳。趙德貴已身無分文，只得苦苦哀求。對方哪裡肯聽，一頓拳腳將他打倒在地。為首的拔出雪亮鋼刀，獰笑道：「沒有錢，割下兩隻耳朵抵債吧！」趙德貴嚇得魂飛魄散，正在緊急關頭，一位中年人走來，詢問了緣由。中年人摸出十兩銀子替趙德貴還了賭債，大漢們一陣風似地不見了。中年人自稱胡先生，拉起癱坐在地上的趙德貴，踏進一家小店為他買酒壓驚。

趙德貴真是感激不盡，三杯酒下肚，把滿腹牢騷一古腦兒抖了出來。胡先生憤憤不平，深表同情，並願助他一臂之力，向情敵報復。如果順利的話，讓龔玉嬌投入他的懷抱。趙德貴聽得愣愣的，世上哪有這樣的好事？胡先生據實相告，自己是杭州有名的「胡財神」，只要趙德貴願意，便可跳槽做「阜康」錢莊的總管，俸銀月入五十兩，外加分紅。當然先要提供「元昌盛」的情況，另有重賞。

胡雪巖摸出一千兩銀票，滿臉凝重，道：「這是預付賞銀，事成之後，還要加倍。」趙德貴驚喜交集，知道胡先生並非戲言，當即信誓旦旦，死心塌地地做了他的眼線，打探盧俊輝的機密。

「元昌盛」的命運，就在小酒店裡決定了。胡雪巖心安理得回到錢莊，等待好消息的到來。

過了幾天，對手的情況胡雪巖了如指掌。盧俊輝執掌錢莊大權後，一反龔振康穩慎作風，大量開出銀票以獲厚利。元昌盛現有存銀五十萬兩，卻開出幾近百萬兩銀票，空頭銀票多出四十萬兩，這是十分危險的經營方式。倘若發生擠兌現象，存戶們把全部銀票拿到櫃上兌現，元昌盛立刻就要倒閉破產。幸而元昌盛牌子硬，沒有人會懷疑它的支付能力，便永遠不會發生同時擠兌的現象。盧俊輝正是基於此，才把賭注押在錢莊的信用上，做出此等舉措。

胡雪巖暗暗叫好：「真乃天助我也！」他估計了自己的力量，目前尚有七十萬現銀的頭寸可調，只要設法收集元昌盛七十萬銀票，便掌握了對手的命運，扼住了盧俊輝的咽喉。只要高興，隨時用勁一勒，對方便嗚呼哀哉！

胡雪巖立即行動，調集頭寸，收購元昌盛銀票，一切都有條不紊地在暗中進行著。而盧俊輝尚蒙在鼓中，全然無覺。

元昌盛的銀票尚未收集夠數，盧俊輝又做出一項加速自己破產的蠢舉。他不知道胡雪巖正在屯集自己的銀票，反而見存戶少有兌現，錢莊存銀白白放在庫中未免可惜，便取出二十萬兩現銀，又籌辦開設了一家賭場。致使元昌盛庫中能兌現的銀子僅三十來萬兩，只夠應付日常業務，達到十分危險的程度。

趙德貴及時送來消息，令胡雪巖大喜過望。他數數手中掌握的元昌盛銀票，已有五十萬兩之多，憑著這些銀票，就可以輕而易舉地擊敗對手，令盧俊輝敗走麥城。為了看看獵物在倒斃之前的模樣，胡雪巖趁盧俊輝舉辦三十大壽之際，備辦厚禮，親自登門致賀。盧俊輝以為胡雪巖拱手稱臣，並不防備，兩人以禮相待，說些熱絡中聽的話語，頻頻舉杯，喝了不少陳年花雕。

沒過兩天，「元昌盛」櫃上，忽然來了一批主顧，手持銀票，要求提現銀，一天之中，顧客提走二十萬兩庫銀。盧俊輝聽夥計報告，以為偶然現象，並不在意。誰知第二天，更多的顧客蜂擁而至，紛紛揮舞手中銀票提現。沒等盧俊輝反應過來，庫銀已提取一空。擠兌現象在「元昌盛」這家老錢莊門前發生了！

盧俊輝明白事態的嚴重，連忙向同行各家錢莊告貸，請求援手支撐局面。但他平常少年得志，飛揚跋扈慣了，人緣極差，大家只是袖手旁觀看熱鬧，並無行動。更有人妒恨他人財兩得，發跡太易，巴不得他垮下去。

「元昌盛」門前鬧哄哄一片，不能兌現的顧客罵聲不絕，義憤填膺。盧俊輝叫夥計關了店門，縮頭烏龜一般不敢露面。眼看事情將要鬧大，官府已派人來錢莊彈壓，聲言莊主若不拿出銀子來平息民憤，將按律治罪，抄家拍賣。這就意味著老闆將流放，妻兒被拍賣為奴，也就是家破人亡了。盧俊輝思前想後，唯有把店面抵押給他人，錢莊易主，才可免禍。但同行錢莊老闆誰也不願多事，只隔岸觀火，做壁上仙人。這當口，胡雪巖翩然而至，他與盧俊輝談妥，以接收元昌盛銀票為條件，接管錢莊鋪面。並當場向顧客宣佈：凡元昌盛銀票，均可以到阜康分號兌現，決不拖欠分毫。持銀票的顧客大多是由胡雪巖有意安排而來，聽他此說，也就一哄而散了。一場風波，頓時雲開霧散。接著便清盤，「元昌盛」大到房屋家具，小到一根鐵釘，俱一一作價。算到後來，盧俊輝只剩一身衣服，狼狽地離開了錢莊門。一場富貴夢，終究成黃樑。

胡雪巖則名正言順地將阜康分號搬進了「元昌盛」舊址。經過這一「打」，胡雪巖的勢力又得到了大大擴張。

對什麼人用什麼樣的打擊方法

為人處世害人之心不可有，但保護自己的方法卻不能不準備幾招。這裡的方法要根據對象有所區別，比如對於背後下黑手的人，你的反擊也必須有力度，否則就不能震住他，達到保護自己的目的。

在清朝咸豐年間，太平天國運動席捲江南，占領了浙江省城杭州，巡撫王有齡自盡殉職，炙手可熱的紅頂商人胡雪巖隻身得免，逃至上海。雖然倖免於難，也只是孤家寡人的滯留在上海洋人租界裡，心思猶兀自魂牽夢縈，叨念著杭州，一方面是掛念王有齡安危；另一方面，則是老母妻小未曾脫出，音訊茫然，生死不明。

杭州被太平軍占領，音訊輾轉傳到了上海，王有齡固然是死了，但胡家滿門卻因為應變得法，及時走脫，躲到鄉下，闔家老小平安。

有道是「大難不死，後禍不止」，麻煩事不打一處來，一波未平，一波又起。雖說胡家滿門皆告平安，但杭州城裡所謂的「地方士紳」卻頗有不少人為太平軍做耳目。於公，這些人告訴太平軍，杭州城裡有胡雪巖這麼一號人物，是辦糧台搞後勤的好手，雖然人跑到上海，但家眷還留在杭州附近，可以其家眷為餌，要挾胡某人來歸；於私，這幫衣冠中人打算藉機掏弄胡雪巖，榨點銀子花花。

這項消息傳到了躲在上海洋人租界裡的胡雪巖耳朵裡，讓他又急又氣。急的是老母、妻子、兒女的安危；氣的是這些所謂的「地方士紳」，平常在鄉里望之還似人君，開口王道，閉口朝廷，好像人人都是忠臣，個個都是孝子，如今太平軍只不過席捲東南半壁，還沒打過長江，這些傢伙馬上就露出了尾巴。

平常人要是碰到這等事體，大概也沒轍了，只好乖乖打道回杭州，聽任新貴擺佈。但是，這些傢伙這次卻踢到鐵板，低估了胡雪巖，結果偷雞不成蝕把米，先發制人卻受制於人。

胡雪巖的手法簡單而高明，他走門路請人寫了一紙公文，以他「浙江候補道兼團練局委員」的身份，上書閩浙總督。在公文裡說，雖然他在城破之前，已經先行逃到上海，但是，臨走前在杭州已有佈置：已經暗中與杭州城中士紳某某某、某某某等約定，請該等士紳保護地方百姓，並且暗中佈置，將來官軍一到，就相機策應，這些人都是公正士紳，心在朝廷，現在雖然替太平軍做事，但將來官軍收復杭州之後，不論這些士紳當過太平軍什麼官職，都請既往不咎，並予重用。

然後，胡雪巖走門路請閩浙總督快速批示這公文，並由胡雪巖取得副本，而胡雪巖則請人將公文副本帶到杭州，交給「地方士紳」。這封公文既狠又賊，要的是兩面手法：一方面，讓這些所謂的「地方士紳」知道，胡雪巖替他們在官軍那面講了好話，將來要是政府軍光復杭州，他們可保無虞；另一方面，也讓這些士紳知道，要是他們膽敢與胡家老小過不去，那麼，胡雪巖只要把這封公文的副本送給太平軍，光是「相機策應官軍」，這一罪名就夠抄家滅門的。

計策果然是好計策，公文副本托人送到杭州之後，沒過多久，胡家老小就平安脫險，悉數被送到了上海，與胡雪巖團圓。

胡雪巖在打擊對手方面，也是個掌握火候的高手，其理在於：胡雪巖做事總是隨時而變，見機行事，急緩相宜。生意場上，充滿了搏殺，也充滿兇險，往往一招不慎，滿盤皆輸。而且生意越大越難以照應，也就越容易出現疏忽。

因此，馳騁於生意場上，不能恃強鬥狠，也不能大意粗心。一事當前要謀定後動，未雨綢繆，是生意人一定要記取的。因此，為了保護自己不得不奮力反擊時，不需用蠻力，而需運用巧力。

胡雪巖崇尚：
「有錢大家一起賺」
「不搶同行的飯碗」
「吃虧就是佔便宜」
「先做朋友後做生意」

他以誠待人，以信交友，
使自己的名字成為信譽的代名詞，
成為一塊縱橫商海的「金字招牌」。

快字訣：

拖拖拉拉做不成事

胡雪巖能看到別人看不到的問題，
抓住別人抓不住的機會，
辦成別人辦不好的事情，
賺到別人賺不到的錢。

商人做生意為求利是天經地義的事，
誰能賺得到更多的金錢，
求得更大的利益，誰就是英雄。

守、摸、交、創、變、打、快、破、面、勢、佈、跳、誠、誘、
挺、信、生、攬、研、藏、送、留、情、險、善

越是大事越要儘快辦出結果

如果一個人沒有自我修正的能力，即使他具備其他一些優秀條件，再怎麼努力，也無法高效地完成自身的工作。這是因為，即使他有著自我促進的願望，即使他處於最佳狀態，但如果沒有雷厲風行的作風修煉，他一樣永遠達不到自己所預定的目標。

鎮壓太平天國運動之後，朝廷嘉獎左宗棠及其部屬，胡雪巖也因為有功而被授為布政使。然而，太平天國雖然被鎮壓，但新疆歷來是個隱患之地，清政府很是擔憂，便想趁著剿滅太平天國的餘威，一鼓作氣，蕩平亂民，穩固大清江山。這個重任最後落到了左宗棠的身上。

左宗棠於是把胡雪巖叫去。要其代籌二十五萬兩白銀，以作西征軍軍餉之用。胡雪巖覺得別處無路，只能從洋人身上打主意，他決定前往上海。在去上海的船上，胡雪巖坐在舵內，一言不發。左帥遠征西北，從此靠山遠去，這些年生意興旺，既有自己奔波之功，也賴左宗棠蔭庇之力。這些，胡雪巖都心知肚明，但二十五萬兩不是個小數目，怕只怕用時容易還時難。

但胡雪巖依然決定替左宗棠出這把力。太平天國失敗之後，朝廷論功行賞，曾國藩高高在上，左宗棠次之。若西征事成，左帥必能封侯拜相，恐怕就要與曾國藩平分秋色了。曾國藩已年邁，左帥卻年富力強，以後朝廷恐怕得賴左帥維繫。樹大根深，自己的生意也好做得多了。況且戰事一開，自己也可從中發展生意，買賣軍火器械，衣食藥品，獲利恐怕難以計數。

一到上海，胡雪巖馬上奔老朋友古應春家，古應春是英國渣打銀行的幫辦，此人精明能幹，銀行內外事務處理得盡善盡美，極得洋人的信任。

胡雪巖也不必拐彎抹角，一見面就將自己的來意和盤托出。古應春一聽頓時面露難色，數千數萬，他一句話就可以定下來，如今胡雪巖一張口就是二十五萬兩，誰也不敢輕易做主啊！況且，銀行借錢未借先談還。一旦到期拖欠，誰能擔當得起？不過，他還是向胡雪巖推薦渣打銀行，由他親自與英國經理德麥利談判。

在古應春的安排下，胡雪巖與德麥利到了一家飯店，賓主雙方很快就貸款進行了商談，德麥利聽說二十五萬兩，吃驚得無言以對。如果成功，銀行將獲取驚人的利潤。如果到期不能還款，銀行損失自不待言。愣了會兒，德麥利道：「這數目，得由你們政府出面交涉，否則我們不能考慮。」

德麥利的回答合情合理，因為在此之前清政府還沒有向洋人貸款的先例。此事純粹是胡雪巖與左宗棠的主意，叫胡雪巖怎麼對德麥利說呢？於是胡雪巖道：「談得成功，朝廷自然會做主，談不成功，就代表我自己。談都未談，誰出來做主是不重要的，只要有了眉目，自然會有人做主。」

對胡雪巖，德麥利也有所瞭解，知道他是一個精明的商人，英國在中國的許多生意都與之有關，而且此人來頭頗大，聽說京中的高官都與之有聯繫，當然，如果能透過胡雪巖來打開中國的市場，其利更是可觀。念及於此，德麥利決定還是談下去。他對胡雪巖道：「反正我只當你是中國政府的代表。」

在接下來的數天中，談判進入了實質性階段，包括貸款金額及利息，償還期限及方式。然而，第一輪談判就出現僵局，德麥利認為期限過長，胡雪巖又認為利息太高，兩人不歡而散。

在第二輪談判中，胡雪巖開始對德麥利以利誘之，他答應在帳目上可以給德麥利私下分紅，這筆錢不見於帳面，如此下來，德麥利可獲數萬利潤，相當於他在中國十年的收入。

果然，德麥利的態度開始緩和下來，他答應向英國總銀行彙報。

胡雪巖一想左帥望穿秋水，等待回訊，德麥利這一彙報，不知要拖到什麼時候。不過這都是他內心的想法，他當然不敢暴露給德麥利，否則，不知他又要如何威脅了。

胡雪巖從側面瞭解到德麥利在中國這麼多年，他已養成這種習慣，無事則到煙花巷中，依紅偎翠，耳鬢廝磨，盡享風流。然而，他身為渣打銀行中國地區的總經理，對這些風流勾當還是有所顧忌的。因為萬一讓另外銀行的那些競爭對手知道了，拿出去大做文章，恐怕對渣打銀行的聲譽影響不好。

胡雪巖買通小刀會成員拍下了德麥利在妓院裡鬼混的醜事，以此為價碼進行第三輪談判，情形自然好轉，進展順暢，不久，雙方就利息、期限、償還方式等很快達成了一致。

胡雪巖終於把左宗堂的大事順利的解決了。

要成就大事就不能拘泥於小節，所謂大事精明小事糊塗就是這個道理。為了小節延誤大體是愚蠢。真正不斷進步，把事業做大的人，是那些不允許自己拖延，默默地提高做事效率的人。

快速決斷，只需確定「做」或「不做」

一個人，特別是心存志向要有所成就的人，應當培養自己快速決斷的能力。一個做事不拖延的人，在接受一項任務或是面對一件事情的時候，頭腦中只會閃現兩個答案，做或者不做。一旦決定做，那麼就要立刻行動，決定不做，那是考慮到了自己的時間安排與處理一件事的能力，就立即放棄。

胡雪巖認為，只要發現是財源，甚至只要產生一個念頭，就立即想到去付諸實施，這就是要反應迅速，敢想敢做。生意人面對的總是與時局緊密相連，且總是處在不斷變化之中的具體的市場。市場出現的各種具體情況以及變化，對於生意人來說往往既是挑戰也是機會。能及時針對具體市場情況做出迅速反應，才能不斷地為自己開闢新的經營管道，也就是為自己開拓出新的財源。

胡雪巖為銷「洋莊」走了一趟在上海的「長三堂子」吃了一夕「花酒」，酒宴上與那位後來成為他可以生死相托的朋友古應春一席交談，就讓他抓住了一次賺錢的機會。

古應春是一位洋行通事，中國開辦洋務之初，這樣的通事是極重要的人物。他們表面上主要充當的是類似今天的外事翻譯的角色，但由於這一角色的特殊性，在當時的「外貿」活動中，他們其實還承當著為買賣雙方牽線搭橋的職能，實質上也就是後來所說的買辦。

胡雪巖要和洋人做生意，自然一定要結識這樣的重要人物。胡雪巖來到上海後，設法托人從中介紹與古應春相識。請吃花酒是當時上海場面上往來應酬必不可少的節目，於是便由胡雪巖做東，尤五出面，在怡情院擺了一桌以古應春為主客的花酒。

酒席上，古應春談起他自己參與的洋人與中國人的一樁軍火交易。那一次洋人開了兩艘兵輪到下關去賣軍火，本來價錢已經談好，都要成交了，半路裡來了一個人，直接與洋人接頭，聽說太平軍有的是金銀財寶，缺的是軍火，洋人一聽就立即單方毀約，將原來議定的價格上漲了一倍多。買方需要的軍火在人家手裡，自然只能聽人家擺佈，白白讓洋人占了大便宜。古應春講這段經歷，是因為憤慨於中國人總是自己相互競爭，以致讓洋人占了便宜。

但古應春的這段經歷，也引起了胡雪巖要嘗試與洋人做一票軍火生意的興趣。在胡雪巖看來，當時有兩個情況決定了這軍火生意可做，而且一定可以做成功。

第一，當時上海正鬧小刀會，兩江總督和江蘇巡撫都為此大傷腦筋，正奏報朝廷，希望多調兵馬，將其一舉剿滅。兵馬未動，糧草先行，可以先備下一批軍火，官兵一到，就可以派上用場。胡雪巖知道江蘇巡撫是杭州人，他可以通上這條路子。

第二，此時太平軍也正沿著長江一線向江、浙挺進，浙江為地方自保，正在辦團練，也就是組織地方武裝。辦團練自然少不了槍支火藥，借王有齡在浙江官場的勢力，促使浙江地方購進一批軍火，也不成問題。反正洋人就是要做生意，槍炮既然可以賣給太平軍，也就沒有不賣給官軍的道理。

事情一旦想到，立即便著手進行，這是胡雪巖一貫的作風。

請古應春吃花酒的當晚，酒宴散後已是子夜，胡雪巖仍不肯休息，留下尤五商談與古應春聯手與洋人做軍火生意的事宜，甚至將如何購進、走哪條路線運抵杭州、路上如何保障軍火安全都考慮到了。第二天他又約來古應春，又細細商定了購進槍支的數量、和洋人進行生意談判的細節、如何給浙江撫台衙門上「說帖」等事宜。第三天，胡雪巖就和古應春一道會見了洋商，談妥了軍火購進事宜。從動起做軍火生意的念頭到此時，不到七十二個小時，這筆生意就讓胡雪巖做成了。

快速決斷的能力，有助於一個人籌劃應付大事件和突發事件，避免因為猶豫不決帶來的失誤和風險。

胡雪巖能看到別人看不到的問題，
抓住別人抓不住的機會，
辦成別人辦不好的事情，
賺到別人賺不到的錢。

商人做生意為求利是天經地義的事，
誰能賺得到更多的金錢，
求得更大的利益，誰就是英雄。

破字訣：

做生意尤須看破

守、摸、交、創、變、打、快、破、面、勢、佈、跳、誠、誘、
挺、信、生、攬、研、藏、送、留、情、險、善

英雄需過「美人關」

在商言商，胡雪巖辦事可謂是拿得起，放得下，能拿則拿，當捨則捨，過程當中固然頗為躊躇遲疑，但終究還是咬得住牙，狠得下心。這是一種「過美人」關的功夫！也難怪胡雪巖成得了氣候，能為人所不能為。別的不說，光是把與自己青梅竹馬的戀人送給手下的夥計為妻，就不是一般人所能做到的。

胡雪巖小的時候，他的祖父因嗜好大煙，家中良田、祖屋幾乎變賣一空，只好多次遷居，最後在祠堂旁邊族人公房中安身，成為全族笑柄。胡雪巖的父母終日為三餐奔忙，無暇管束胡雪巖。剛學會走路的胡雪巖搖晃著瘦小的身子，經常到鄰居孫家，與孫家的小女兒一道玩耍。隨著歲月的流逝，胡雪巖慢慢知道孫家是個賣葫蘆糖的人家，他家總有吃不完的葫蘆糖。還知道孫家小女兒孫么妹，比自己還小幾個月。物以類聚，人以群分，貧窮人家的子女生來就是好朋友。胡雪巖和孫么妹終日形影不離，白天一起拾柴火、一起玩耍，夜晚並膝聽講故事、數星星。有一次胡雪巖通宵未歸，家人四出尋找，到了天明，竟發現他和孫么妹鑽到稻草堆裡睡得正香。青梅竹馬，兩小無猜，胡雪巖對此有最深刻的體味。

可惜好景不長，十歲剛出頭，胡雪巖被叔父帶到杭州學藝，從此與孫么妹天各一方，音訊全無。

十年後，胡雪巖成為富甲一方的錢莊老闆，有一天，他和眾朋友在一叫「杏花樹」的酒店喝酒，見到一個叫黃姑的女子在酒店裡唱曲，一招一式，莫不隱含著孫么妹的影子。他憶起自己砍柴受傷，孫么妹撮起嘴巴替他吹拂傷口；在燃起的火堆邊，兩人燒山芋，互相推讓；惡犬撲來，自己挺身而出護衛孫么妹。往事不堪回首，捐了候補道台的胡雪巖想起這些往事便有種自卑，覺得尷尬。但混跡官商，識透人情世故，反而倍覺童心寶貴。

於是，胡雪巖有一種衝動，要設法與黃姑私下裡見一面。

大家聽罷曲子，紛紛賞了黃姑，準備離去。胡雪巖付了帳，偕大家向城裡走去。才走了里路，胡雪巖藉口外套丟在了酒店裡，帶著小廝告辭而返。

黃姑尚未離店，見胡雪巖返回，甚感詫異，胡雪巖顫聲道：「孫么妹，還記得我們在山洞裡燒芋頭嗎？」

黃姑愣住了，兒時的歡樂齊湧腦際，她驀然醒悟：「你是，胡雪巖！」他鄉遇故交，黃姑淚水漣漣，泣不成聲，向胡雪巖哭訴自己的遭遇。孫么妹十歲時，一場時疫襲來，父母均病亡，孫么妹被一黃姓人家收養，改姓黃。黃家是江湖藝人，四處賣藝為生。黃姑學唱旦角，逐漸有了名氣，在安慶班做了臺柱子。

黃姑帶胡雪巖去後院看養父，養父枯槁如柴，臥床不起。胡雪巖忙掏出十兩銀子，吩咐店主去請大夫診治。一連幾日，胡雪巖都在奔忙，他為黃姑父女賃下一處院宅，叫了老媽子、小廝伺候。又和杭州城的戲班「三元班」老闆談妥，讓黃姑補一個角兒。做完這些，胡雪巖才鬆了一口氣，有一種償還了感情債的輕鬆。他向來極重鄉鄰關係，凡有家鄉來的故人，不論高低貴賤，一律殷勤款待，待如上賓，致送饋贈。對黃姑，不單是鄉親，還多了一分說不清的眷戀。

黃姑受到胡雪巖的照顧，生活安定，憂鬱一掃而空，平添幾分顏色。每次胡雪巖光臨，黃姑精心妝扮，光彩照人。漸漸地，胡雪巖到黃家的次數越來越多，不單是鄉親情分，也有「窈窕淑女，君子好逑」的意味。胡雪巖本是好色之徒，尋花老手，黃姑正當妙齡，尚未出閣，對胡雪巖有心巴結，百般趨奉，兩人日久生情，便有愛慕之意。因青梅竹馬，胡雪巖不願輕率從事，把黃姑當成煙花女子玩弄，他希望保持兒時的純潔感情，然後明媒正娶、順理成章結成夫妻，無愧於對方。在生意場上久了，爾虞我詐，勾心鬥角，胡雪巖特別希望得到真情實意，安慰疲勞的心靈。

胡雪巖不惜重金，替黃姑的養父買到衙門的一個差事，這樣，黃姑好歹也算公人的千金，面子上也光彩。黃姑體諒到胡雪巖的苦心，感動萬分，把胡雪巖當做已是自己的丈夫，更加溫柔體貼。

但天有不測風雲，一件意外的事徹底打亂了胡雪巖的計劃。一大早，王有齡便差人送來一份官報，上面刊有一則消息：太平軍踏破清軍江南大營，逼近上海，蘇南地方失陷三十餘州縣。胡雪巖震驚不已，蘇南高郵設有阜康一個分號，進出數十萬兩銀子，一旦被太平軍沒收，損失巨大。胡雪巖憂心如焚，立刻派心腹前去打探分號的情況。分號的總管叫田世春，從前在信和當小夥計，為人機靈，生意場上是把好手。戰亂之中，錢莊成為亂兵洗劫的目標，阜康這家分號凶多吉少，胡雪巖茶飯不思，夜不成寐，密切注視蘇南方面情況。

等到第八天晚，阜康門外忽然響起敲門聲。夥計打開門，一個血糊糊的人滾進門倒在地上，駭得夥計驚叫，驚動了所有的人。大家點燈一照，此人正是高郵阜康分號的總管田世春。胡雪巖聞訊趕來，吩咐把田世春扶到床上，灌了一碗參湯，田世春才清醒過來。

田世春不愧是個精明商人，他不單埋頭做生意，而且眼觀六路，耳聽八方，密切注意社會動態。早在太平軍大敗湘軍，回師安慶時，他便預料到太平軍必然挾勝者雄風，對江南地方有所動作。田世春以做短期生意為主，快速出擊，見好就收，盡力回籠短期貸帳，以備不測。當太平軍向江南大營動手時，田世春已將錢莊存銀四十萬兩雇了幾輛馬車向杭州啟運，倖免於戰火。但轔轔馬車，畢竟比不上太平軍的戰馬來得快捷。一天，運銀的馬車同一支太平軍的前哨馬隊遭遇。見馬隊只有十來個士兵，田世春索性破釜沈舟，叫夥計們操刀備傢伙，與馬隊對決。

訓練有素的太平軍士兵沒料到商隊夥計竟敢與他們較量，一時慌亂起來。田世春仗著年少時學過幾手武藝，殊死抵抗，身上中刀十幾處，血流滿身，仍不退讓。夥計們見總管如此，也都平添勇氣，拼力砍殺。深入敵後，這支前哨馬隊本有忌憚，見商隊如此亡命，不敢戀戰；匆匆遁去。錢莊的銀子得以保全。

「了不起，了不起，田世春千里護銀，可歌可泣。」胡雪巖一聲道，激動得忘乎所以，在客廳中來回踱步，大聲嚷嚷。銀子失掉了尚可賺回來，一名忠誠的夥計，可謂千金難求。對田世春，當行重賞。可是銀錢，似乎還不足以獎掖田世春的大功，田世春的忠心不是銀錢所能換得的。為了獎勵的方式，胡雪巖破天荒第一次難下決斷。他知道自己的事業需要大發展，尤其需要田世春這樣的助手，一旦得到主人的信賴，便會去衝殺、撕咬，即使付出生命也在所不惜。

田世春父母雙亡，是個孤兒，正當青春年少，尚未娶親，如替他張羅操持，建立一個溫暖的家，必定對胡雪巖感激涕零，視如泰山。胡雪巖想起這點，暗暗叫絕，若擇一個美貌女子，為其完婚，包攬一切費用，再送他一筆家底，這樣的獎勵，充滿人情味，勝過大筆銀錢，豈不妙哉！

胡雪巖細細盤算，杭州城裡，有面子有身份的姑娘家誰可擇娶。想了半天，都不如意。田世春未來的妻子，不單要有才有貌，更重要的是應該和胡雪巖有一定親緣，對胡雪巖應言聽計從，才能達到項圈的作用，約束丈夫。花街柳巷有幾個風塵女子，與胡雪巖有肌膚之親，且拜他為乾爹，但做田世春的妻子，太不夠格，反而有損田世春的面子，致招憤恨，弄巧成拙。一定是個處女身子，令田世春深為喜愛，才能發揮獎勵的目的，體會胡雪巖的一番苦心。

冥思苦想，忽然一個念頭悄悄潛入心底，把胡雪巖嚇了一跳，然而，過了一會兒，那念頭又頑固地占據了他的腦子。理智告訴他，把黃姑嫁給田世春，再恰當沒有。胡雪巖有一種負罪感，對於黃姑，他已有了「妻子」的感情，是他感情世界最後的堡壘。生意人講交易，什麼都可以買賣，難道感情也可以交易？胡雪巖幾乎是本能地、不由自主地盤算起把黃姑嫁給田世春的利弊來，儘管是極不情願，然而，人一生中不情願做的事還少嗎？為利所惑，無利不貪，只要有利，何樂不為？

黃姑是自己的同鄉，俗話說，美不美，鄉中水，親不親，故鄉人。同鄉人總是互相庇護的。鄉情如同牢固的中樞，令她永遠忠實於自己。黃姑對自己一往情深，青梅竹馬，這份特別的感情可謂金不換，少女的癡情可以相伴她終生，是忠實的保證。誰都知道黃姑和自己的關係，而一旦把她嫁給田世春，他會感激主人的割愛，並且具有特殊的意義，主人能把初戀的女人毫不猶豫地轉讓給夥計，這份信賴價值如何？

胡雪巖被自己高尚的行為所激動，他慶幸自己沒有像在妓院那樣輕率衝動，占有黃姑，因而可以把這個純潔的女人送給田世春，但又有幾分肉痛！唉，那可是個尤物呀，足以令男人陷入溫柔鄉中失魂落魄。但這遺憾只維持幾分鐘便被男子漢大丈夫固有的驕傲代替了胡雪巖主意打定，他不再留戀兒女情長，他是個精明的商人，把複雜的情義換算成籌碼，投入交易，並且從此不再為情所惑。

後來，胡雪巖暗中叫來黃姑的養父，許以重金，要把黃姑嫁給田世春。養父見胡雪巖主意堅決，田世春也非等閒人物，慨然應允，只瞞著黃姑。按照杭州人家嫁女的規矩，胡雪巖差媒人前去黃家下聘，黃姑從此便不得出門，等候成親日子到來。黃姑仍然蒙在鼓裡，沈浸在巨大的喜悅當中。她以為胡雪巖兌現諾言，將娶她為妻。

擇吉迎娶的日子到了，黃姑頭頂紅帕，在鼓樂聲中被伴娘攙扶著離開家門，踏進花轎，走向夫家。朦朧中她看到胡雪巖的身影在前後晃動，張羅忙碌，心中便充滿甜蜜。進夫家，拜天地，拜祖宗，夫妻對拜，一切行禮如儀，黃姑懵懵懂懂，全然不知，被擁進洞房，獨自一人坐在婚床上，聽著門外喧嚷的人聲，只盼望喜筵早些結束，她和胡雪巖洞房相見。

延至午夜，洞房門開，田世春喝得醉醺醺地，被人擁入洞房。喀嗒一聲落鎖，房裡只剩下一對新人。田世春不由激動萬分，老闆把心愛的女人送給自己，這是多麼大的信賴和關照啊！

黃姑後來發現與自己同床共枕的不是胡雪巖，而是田世春後，不免哭鬧一番，但生米做成熟飯，木已成舟，一切都無可挽回。

此事過了許多天，傳到知府王有齡耳中，他大為驚歎，翹起大拇指誇讚道：「雪巖老弟深謀遠慮，不為色動，忍痛割愛，有古賢哲之風，了不起，了不起啊！」

田世春從此死心塌地為胡雪巖效命，忠心耿耿，宛如孝順父母，直至胡雪巖破產，也從未變心。

當然，若以現今社會眼光，胡雪巖視女性為商品，藉由感情交易，達到一己之目的，此手段是十分不可取的。

只是為了找個賢內助

胡雪巖在情上做法也與眾不同。對於花瓶式的漂亮女子他只不過逢場作戲，而對於能夠理家持業的女中豪傑，他卻情有獨鍾。

胡雪巖一生遇到的女人，無一不是為他的事業服務的，有的成為為他所用的「犧牲品」，有的就有幸被他納為妾，凡被他納為妾者，必須有益於他對事業的開拓。也正是這些具有「幫夫命」的小妾們，助胡雪巖成長為了一代「紅頂商人」。

對胡雪巖來說，那些或扭捏作態，或濃妝豔抹，以豔誘人，或嬌嗔纏人，不勝其煩，都是俗不可耐之輩。但他在錢塘江岸邊見到的「醉瑤台」酒家的女廚工，卻令他耳目一新，不可小看。胡雪巖只一瞥，便覺氣味相投，怦然心動。聽酒家老闆介紹：她名翠環，祖上曾是嘉慶帝宮中御廚，燒得一手好菜。翠環得家傳熏陶，耳濡目染，成為杭州烹調高手，其烹製的「東坡肘子」一菜，連曾大帥也極賞識呢！

憑著他敏銳的目光，胡雪巖覺得翠環並非尋常女子。人長得漂亮，又精明能幹，即所謂才藝雙全，便能輔助男人做一番事業。俗話說，女主內，男主外。主內的女人有如家中老闆，柴米油鹽，運籌策劃，招呼應酬，樣樣能行，才稱得上賢內助。

胡雪巖的妻子，由父母選定，人才尚可，肚中無貨，且不善應酬客人。每有客至，胡雪巖嫌她上不得檯面，不讓她見客。作為成功的商人，家無賢妻支撐，不免感到遺憾。所以胡雪巖雖然尋花問柳，遍撒情種，卻常常有知音不遇的感歎，心中十分孤寂。

翠環的出現，令胡雪巖十分興奮，既是御廚之後，烹調高手，調節籌劃、主持家政，必然十分熟稔。若能娶來家中，入掌內務，可免他後顧之憂。那時懷擁嬌娃，坐啖美肴，入則噓寒問暖，出則思念惦記，其樂無窮，人生才算圓滿。

胡雪巖主意打定，每天必到「醉瑤台」酒家用餐，而且一定要點「東坡肘子」，指明由翠環親手烹製。食後自然讚不絕口，給翠環許多的賞銀。

有一天，胡雪巖正在「醉瑤台」用飯，面對「東坡肘子」一箸未動，只盼著翠環出現，好給她賞銀。不一會兒，翠環來到桌前，胡雪巖剛要給她賞銀，卻見翠環掏出一卷契紙，遞給胡雪巖。

胡雪巖見是一張土地契約，寫明購買萬福橋一帶土地百餘畝。萬福橋雖然並非鬧市，但瀕臨錢塘江，如今五口通商，洋貨源源運到中國，不久的將來，萬福橋必定是很繁榮的碼頭，到那時地價猛漲，胡老闆準能大賺一筆。

胡雪巖驚愕萬分：一介女流，竟有如此遠見卓識，生意眼光超過自己，實在難得！這使得他想起了另一個愛妾：陽琪。兩個何等相似啊，可惜的是陽琪卻因病早已去世，令他失去了一個難得的賢內助，他看著眼前的翠環，久久才說：「翠環姑娘籌劃有方，實在敬佩，只是贈送給你的銀子怎好意思收回，這片土地當屬於姑娘。」

翠環正色道：「胡老闆非親非故，卻把許多銀子慷慨送人，如此奢華浪費，縱然金山一座也會被淘空的，那時悔之晚矣！」翠環說罷，徑自走了，撇下胡雪巖呆立在桌旁，愣了半天。

經此一事，胡雪巖越發下了決心，非娶回翠環不可。胡雪巖托人請「醉瑤台」謝老闆出面做媒，向翠環提親。謝老闆知道「胡財神」的心思後，喜出望外。杭州滿城，誰不知道胡雪巖財大氣粗，巴結還來不及，豈能拂他美意？

翠環家在京城，因父親在恭親王府家中掌廚，不慎誤烹了毒蘑菇，使恭親王食後中毒，被定為「謀殺未遂」罪流放黑龍江暉春，老死邊塞。翠環南下求生，到「醉瑤台」做廚工，已近十載。她性情剛烈，不少紈褲欲求為妻，均遭拒絕。謝老闆見她廚藝精湛，不戀虛榮。把她當女兒看待。謝老闆受人之托，選個閒暇時間，把翠環叫到一邊，向她言明瞭胡雪巖的心意。

然而，翠環聽後，硬生生拋下一句話：「若要嫁胡先生，必須當正室。」

胡雪巖聽了謝老闆報告，心裡涼了半截，胡太太是父母做主，明媒正娶，若要休她，年邁的母親決不同意，反而落個「不孝」的惡名。再者，胡太太雖不甚賢惠，但恪守婦道，並無大的過錯，算是貧賤之交的患難夫妻。糟糠之妻不下堂，拋棄髮妻，必遭人恥笑，今後在官場、商場上如何做人？思來想去，休妻萬萬不可，翠環的要求決難辦到。

但放棄娶翠環，胡雪巖亦不願意。他苦苦追覓多年，好容易遇到這等聰慧女子，娶來家中，便有幫夫運，怎肯輕易捨棄？胡雪巖甚至認定，自己後半生事業的發展，翠環可做左右手，天下除了夫妻倆，還有幾個值得信賴的人？因此，翠環一定要成為自己的人！

胡雪巖輾轉難眠，茶飯不思，平生第一次遇到如此棘手之事，卻苦無良策，一時焦躁萬分。這情景，被田世春看在眼裡，他自謂是胡雪巖肚裡蛔蟲，胡先生有什麼難處，他都明白。

田世春向胡雪巖獻計道：「這事不難，有人娶妾，怕妻妾相處，家中內訌，不堪其擾，便想法在外新購一處公館，金屋藏嬌，一切稱呼與夫妻一樣，娶來的妾也穿紅衣，叫做『兩頭大』。只要妻妾不見面，可保平安無事。」胡雪巖得此提醒，大為高興，他原來也娶過不少妾，只是沒有想過要給她們「妻子」的名號罷了。田世春的建議，相當於後世的「重婚」，在清代並不犯忌。於是胡雪巖傳過話去，願以「兩頭大」的形式，娶翠環為妻。

翠環本意亦喜歡胡雪巖，只是要為自己爭一個名正言順罷了，現在見胡雪巖讓步，她是聰明人，知道凡事不可過分，便應允了這門親事，但提出一個要求，把遠在黑龍江的父親墳墓遷回北京。胡雪巖做得更漂亮，他派人到北京恭親王府，使出銀子上下打點，讓恭親王記起翠環父親的種種好處，奏請朝廷為其平反，恢復了御廚身份。

翠環因此十分感激，一顆心全拴在胡雪巖身上，再也離不開。胡雪巖在杭州城外選一處僻靜地方，大興土木，建造了一座公館。其豪華堂皇，不亞於京城王府宅第，為掩人耳目，取名趙公館，蓋借他母親姓氏。一切停當，擇定日子，迎娶翠環，禮儀均按正妻待遇，坐花轎，穿紅衣，戴蓋頭，放二十四響炮，熱熱鬧鬧，只是瞞著胡太太。杭州城人們都知道胡財神娶有兩個「正妻」，一時傳為美談，沸沸揚揚。

世上沒有不透風的牆。胡雪巖娶了翠環以後，因她風姿綽約，能說會道，待人接物落落大方，非常賞識，常偕同翠環在生意場上應酬，向別人介紹翠環時冠以「胡太太」稱號。久而久之，南來北往的生意人都知道「胡財神」娶了位能幹的太太。

身在杭州的胡太太為胡家生了兩個女兒，因未生男孩，便心懷愧疚，對於胡雪巖「兩頭大」的做法，也就不置一詞，算是默認了。

此後，翠環登堂入室，成了胡宅真正的女主人，人稱「羅四太太」。她善體丈夫心意，四處網羅，給胡雪巖連娶了十二房姨太太，使胡雪巖受用不盡，感激萬分。

其實不單生意人，作為我們普通人，娶妻的目的大多為了天天當幅畫來欣賞？其見識、作為對於一個終生伴侶仍顯得更為重要。胡雪巖能看破這一點，正是他的不凡之處。

盛時而留，敗時而棄

對於女人，胡雪巖很看得開，因為他雖也重情，但不執迷於情，於情字上能進得來，能出得去。

胡雪巖的一生不能離開女人的相助，他有十二個姨太太，這些姨太太全是胡雪巖在上海的大夫人羅四太太親自為他物色的。羅四太太之所以如此，是擔心胡雪巖整日沈湎於酒色，一是壞名聲；二是傷身體；三是誤事業。

羅四太太為丈夫操持的第一個姨太太叫阿妹，是重陽節那天在西子湖畔被胡雪巖看中的。

重陽節那天，胡雪巖攜妻子羅四及一丫環小梅遊覽西湖。胡雪巖緩步踏上斷橋，他不由得想起白蛇娘子和許仙的故事，心中嘖嘖稱奇，於是佇立橋頭舉目遠眺，內心十分激動，這一瞧才發現橋下正有一青春女子在湖邊埠頭上漿洗。只見她青絲秀髮，手兒紅潤，清澈的河水倒映著她粉紅的衣裙；雖然已是深秋，但姑娘卻累得熱汗直冒。胡雪巖被女子的美貌吸引住。待得那女子洗完衣服，收拾好回家，胡雪巖不由自主地隨著來到她家門口，目送女子進了家門，他怦然心動，渴望再一睹農家女的芳容。然而，注視良久，未見少女出門，他悵然若失，遺憾而去。羅四太太將丈夫的一舉一動都看在眼裡，不露聲色陪著丈夫。此時此刻胡雪巖遊興索然，悻悻而歸。

第二天，羅四太太身著尼姑衣服，手捏念珠來到少女家，輕叩柴門，門被打開，只見一個瘦骨嶙峋的老太婆出現在她面前。羅四太太口中念念有詞，念珠在她手中移動，她說：「施主，討口水喝。」老太婆見是化緣的尼姑，忙迎進屋內，房矮小昏暗，羅四太太被引進客堂，客堂裡供奉著「觀音菩薩」。「阿妹，快去給師父倒碗水。」客堂裡一位正在紡紗的少女站了起來。「婷婷玉立，漂亮無比。難怪他魂不守舍。」羅四太太邊喝水邊拉家常，瞭解到這是五口之家。兩個兒子死於戰火，老伴被西湖漁霸關起來了。現在家裡就剩下母女倆。阿妹年方十七歲，與鄰村漁民周樂生自小指腹為婚，及至長大成人，兩個常借打魚之機偷偷約會，感情日深，雙方互換生辰，定下了拜堂成親的良辰吉日。哪知禍從天降，由於阿妹出落得貌若天仙，上門提親的人絡繹不絕，都遭到她的拒絕。然而，西湖漁霸仗勢欺人，以老太婆兒子參加太平軍，老爹抗交漁稅為由，把老爹關了起來，另叫人捎信說，只要阿妹答應嫁給他的白癡兒子，立即放人。阿妹誓死不從。漁霸已威脅好幾次，流露出強搶之意。一想到父親，阿妹沒了主意。

羅四太太聽了阿妹娘的敘述也難過得流下眼淚，十分傷心，臨別時將五十兩碎銀送給阿妹，阿妹捧著銀子連連稱謝。一回到家裡羅四太太脫去僧衣，立即囑咐管家給阿妹家送百兩黃金。另外去叫漁霸將阿妹爹放了，然後又將嘴貼近管家耳朵吩咐一陣，管家領令而行。

這一天午後，阿妹正坐在紡車旁織布。忽然周家的人來報信說，周樂生今日早晨不幸墜水身亡。這消息猶如晴天霹靂使阿妹痛不欲生，她真想一死了之。面對年邁的母親，受困的父親又於心不忍。她強忍悲痛，把淚水往肚裡咽。幾日後心情稍微舒暢，靜心一想，樂生一死漁霸更會窮追不捨，要她嫁給「白癡」真是噁心，但又無計可施。

正當她一籌莫展的時候，父親被放了回來，身體更加虛弱。阿妹趕緊給父親生火煮飯。飯後，父親精神好轉，他問道：「這麼些日子漁霸來過麼？」阿妹氣憤地說：「豈止來過，還妄想搶婚呢？對了，爹，他們怎把你放了呢？」父親說：「漁霸告訴我有人替咱們交了錢。我尋思，這是誰呢？細問之下，他們才不情願地告訴我一個叫羅四的太太救了我。」全家人沈浸在相聚的歡樂之中。

傍晚時分，胡雪巖的管家揣著百兩黃金來到阿妹家。管家說明來意。這百兩黃金是我家太太送給你們的。見阿妹全家都莫名就理，非常不解。管家說，前些日子我家太太去靈隱寺還願，穿著尼姑服裝來你家討過水喝。母女倆都「啊」地叫了起來：「這真是大好人。」管家又將羅四太太吹噓一番。末了很惋惜地說：「可惜，我們太太無子，偌大的家業無人繼承。」阿妹娘一聽也替羅四太太垂淚，她問道：「何不納妾娶小生個小子呢？」「啊，想只是未遇著合適人家。」管家又接著說道：「你們家阿妹未許配人家麼？」阿妹娘兩手一擺：「這不行，人家大好人，我家阿妹未出嫁未婚夫就死了，想來命苦，哪攀得上這樣的親戚。其實我們當下人使喚都不敢妄想呢！看來，他們的大恩大德我們只有來生再報。」管家見阿妹娘話中有話，不由雙眼一亮，見阿妹正專注地盯著自己，眼裡滿含希望，便說道：「此事有待稟報我家太太，天色已晚，我得告辭了。」管家被全家人送至門外。

不久，胡家張燈結綵，嗩吶聲聲，人們簇擁著新郎胡雪巖、新娘陳阿妹來到大廳。大廳正中大紅「喜喜」字端掛牆壁，一對紅燭火苗竄動尺餘，發出滋滋的鳴叫。新人參拜完畢被迎入東樓洞房，人們則在酒桌上分享快樂。

胡雪巖與羅四太太感情如日中天，與新歡如膠如漆，事業發達一帆風順。東樓十二釵住在一起是顯得十分擁擠。羅四太太便與胡雪巖商議修一座新樓。胡雪巖一聽不謀而合。但聲名在外，就不能簡簡單單造一座樓，必須精心設計，與之配套的花園水榭也要修建得豪華氣派，兩人商量停當，便請來能工巧匠勘查設計，但如何擺放都是住宅擁擠，佈局顧此失彼。胡雪巖心中思索良策，有個手下人向他獻計：胡府臨街毗鄰鋪面較多，何不將靠向胡府院牆的住宅全部買下，那樣整個胡府增大許多，隨意建造都顯寬敞。胡雪巖聽後連稱妙計，心中歡喜，他準備修築一幢專供「十二釵」休憩的嬌樓。取金屋藏嬌之意。當即吩咐管家去收買街房。大多數人見價錢出得很高欣然同意。收買街房後，胡雪巖便立即著手修他的十二釵住宅——嬌樓。

三個月後，胡雪巖新居落成。他帶領羅四太太、陳阿妹……眾妻妾登臨嬌樓。環顧四周，華屋氣勢恢宏，金碧輝煌。極目遠眺，海天茫茫，空明澄碧。南望山嶽峰巒疊嶂，綿延不斷。站在此樓上可觀海上日出，夜看海潮新月萬疊金光。再看此樓有仙閣凌空之感，俯視腳下，嬌樓傍水而建，人工湖清波綠水，「三潭印月」，「柳浪聞鶯」，「蓬萊閣」景點錯落有致，叫人賞心悅目。原來人工湖仿西湖而建，妻妾們心曠神怡，走進屋裡，室內裝飾異常豪華，紅色地毯，一色紅木家具，件件都是精雕細琢的佳品，叫人目不暇接。胡雪巖當即將房間分派予十二妻妾，眾妻妾喜不自勝，自得其樂。

胡雪巖娶的這些姨太太年輕貌美，大多貪圖胡家的錢財，嫁到胡家後揮金如土，過著紙醉金迷的日子，後來胡雪巖因受李鴻章的排擠與打擊，生意一敗塗地，錢莊紛紛垮臺，平時紛紛巴結胡雪巖唯恐不及的姨太太們見狀，頓時溫情喪盡，要求拿著自己的私房錢離開。

胡雪巖也不挽留，吩咐下去，願走者可以拿著自己的私房錢離開，結果除了羅四太太之外，所有的姨太太全部走光了。這次他對錢這個東西確實真正捨棄了。他說：「商人為錢，錢能害命，我這一輩子，不懷念揮金如土之日，而懷念少年時幾文錢買燒餅，喝水酒之日。」時代環境給了胡雪巖盛榮和嬌寵群美的機會，能做到這一點當然不容易，但能做到敗時而棄的人卻寥寥無幾。因為此時的棄既是一種無奈，也是一種灑脫。

胡雪巖崇尚：

「有錢大家一起賺」

「不搶同行的飯碗」

「吃虧就是佔便宜」

「先做朋友後做生意」

他以誠待人，以信交友，

使自己的名字成為信譽的代名詞，

成為一塊縱橫商海的「金字招牌」。

面字訣：

會做撐場面的大文章

胡雪巖能看到別人看不到的問題，
抓住別人抓不住的機會，
辦成別人辦不好的事情，
賺到別人賺不到的錢。

商人做生意為求利是天經地義的事，
誰能賺得到更多的金錢，
求得更大的利益，誰就是英雄。

守、摸、交、創、變、打、快、破、面、勢、佈、跳、誠、誘、
挺、信、生、攬、研、藏、送、留、情、險、善

先豎起撐場面的牌子

做生意靠招牌，要做百年老店，更得打造一塊金字招牌。胡雪巖做生意，總是千方百計地豎招牌、撐場面。

胡雪巖十分注重自己的招牌。因此，他在創辦自己的錢莊時就十分注重自己錢莊的招牌名。他自知自己對題定招牌這樣需要文墨功底的事情力不勝任，因而鄭重其事地去請教王有齡。不過，胡雪巖雖然不知道題定招牌的遣詞用字，但他知道題定招牌該有的講究，當王有齡告訴他題招牌自己也是破題兒頭一遭，還不知道怎麼題法，有些什麼講究時，他毫不猶豫地就擺出了題定招牌應該注意的幾條原則：「第一，要響亮，容易上口；第二，字眼要與眾不同，省得跟別人攪不清楚。至於要跟錢莊有關，要吉利，那當然用不著說。」

胡雪巖這裡講到的幾點要求，正是題招牌的關鍵所在。上口，也就是要求題寫的招牌要簡潔明瞭、通俗易懂且讀起來要響亮暢達，琅琅上口。掛出招牌的目的就是要讓人記住，因此，這一點也就顯得特別重要。如果一方招牌用字生僻，讀起來不順口，招牌的作用也就失去好多了。

根據胡雪巖的要求，王有齡為他選擇了「阜康」兩個字。這兩個字取「世平道治，民物阜康」之意，可以說是完全符合了他的要求。

做生意首先就必須求名，要有名目（也就是字型大小）別人才知道，要有名氣別人才信服，而取一個好的名字往往一叫就響，成為金字招牌的基礎。因此，一些有眼光的商人都注重如何為自己的商號題名。從這一角度看，胡雪巖對於自己錢莊招牌的重視以及他對題定招牌的要求，也顯示了他精明的生意眼光。

其次，靠誠實無欺來建立起自己的信譽，建立起自己的「金字招牌」。

胡雪巖深知，生意場上的爭鬥，關鍵是有自己的「金字招牌」，創出自己的品牌來。胡慶餘堂開辦之初，胡雪巖做名氣的方針，也就是要做出自己的「金字招牌」，換句話說，他要的是靠做出一塊不倒的「金字招牌」，建立起真正的名氣。因此，他在確定送藥的同時，還在藥店如何開法，怎樣用人，怎樣進料，怎樣泡製等方面，定下了兩條不變的原則：

第一，藥方一定要可靠，選料一定得實在，泡製一定要精細，賣出的藥一定要有特別的功效。按胡雪巖的說法，「『說真方，賣假藥』最要不得。」而且，胡雪巖還要求，要叫主顧看得清清楚楚，讓他們相信，這家藥店賣出的藥的確貨真價實。為引人注意，他甚至提議每次泡製一種特殊的成藥之前，比如要合「十全大補丸」了，可以貼出告示，讓人來參觀。同時，為了讓顧客知道本藥店選料實在，決不瞞騙顧客，不妨在藥店擺出取料的來源，比如賣鹿茸，就不妨在藥店後院養上幾頭鹿，這樣，顧客也就自然相信本藥店的藥了。

第一，藥店總管除能幹之外，更要誠實、心慈。舊時藥店供顧客等藥休息的大堂上常掛副對聯：「修合雖無人見，存心自有天知」，說的就是賣藥人只能靠自我約束。不誠實的人賣藥，尤其是賣成藥，用料不實，份量不足，病家用過，不僅不能治病，相反還會壞事。而且只有心慈誠實的人，能夠時時為病家著想，才能時時注意藥的品質，這樣，藥店才不會壞了名聲，倒了牌子。

一個有策略眼光的企業家，他的事業取得成功，決不是靠坑蒙拐騙，而是靠誠實無欺，靠信譽，靠切切實實滿足客戶需要。過去許多商家門臉兒上都會掛上「誠信招來天下客，無欺譽攬萬人心」的對聯，對聯道出的確實是一個使自己的「金字招牌」永不倒的簡單的「訣竅」。

胡雪巖處於商業意識還不很發達的晚清時期，就具有如此強烈的品牌意識，這是他把場面越撐越大的一步妙招。

什麼都可丟也不丟面子

胡雪巖特別重視面子，即使在危機四伏，大廈將傾之時，他也不忘記要保住面子。

他曾說過：「面子就是招牌，面子保得住，招牌就可以不倒」；所謂「守信計」是指：在胡雪巖的經商生涯中，他經常說：「做人無非是講個信義。」其實，做生意與做人，本質上應該是一致的，一個真正成功的商人，往往也應該是一個信義之人。由此看來，胡雪巖對「以逸待勞」深刻的經商作用，真是大悟徹悟！

上海阜康擠兌風潮，第二天就波及杭州。胡雪巖從上海返回杭州，還沒有下船就得到了消息。而得到消息之後，他首先想到的是要把面子保住。為此，他採取了三個措施：

第一，所有一應排場照舊。胡雪巖一到杭州，就有在胡家地位特殊的烏先生上船接住，報告上海、杭州兩地的「災情」，同時他建議胡雪巖移舟到離家更近的萬安橋登岸。胡雪巖的宅第在元寶街，他的錢莊在清河坊，因此，胡雪巖由外地回杭州，一向是在位於元寶街與清河坊之間，也是杭州城裡最熱鬧的望仙橋碼頭上岸。而且每次回杭，都要家人接轎，擺出極隆重的排場：身穿簇新「號褂子」的護勇在碼頭上站成兩排，點起官銜燈籠，打起旗子，護著一頂藍呢大轎，常常會引來大群看熱鬧的行人。烏先生的建議自然是因為風潮已起而希望胡雪巖不要過於張揚。但胡雪巖沒有接受烏先生的建議，而且要求一切排場照舊。這當然是在保住面子，胡雪巖不能讓別人以為阜康擠兌風潮一起，他自己就灰頭土臉。

第二，阜康營業照舊。胡雪巖一到錢莊，就否定了錢莊總管謝雲清和螺螄太太商量的錢莊停業三天的決定，要求照常卸下排門做生意。不僅如此，他還要求謝雲清連夜察看儲戶帳目，做這兩件事情，一是提早將幾個大戶的利息結算出來，把銀票送到他們門上去；二是告訴那些大戶，年關已近，要提款應付開銷的，盡可交待，以便預先準備。這是守信用，更是要做回面子。阜康因為貼出停業三天的告示，已經在杭州城裡引起軒然大波，雖然沒有引出更嚴重的後果，但一遇風潮便縮頭停業，事實上面子已失。

第三，原擬要辦的三女兒的喜事也照舊。胡雪巖此次從上海回杭州，其實主要就是為三女兒的婚事。雖然還未下船就知道了要命的「噩耗」，但胡雪巖一進家門，就告訴螺螄太太，女兒婚事該怎麼辦還是怎麼辦，一切照常。而且，再難也要做到，不管用什麼辦法，場面無論如何要撐起來。這當然更是做面子。阜康擠兌風潮一起，是否仍按以前排場大肆照辦女兒婚事，正是為眾人注目的一件大事，如果女兒的婚事一改原來胡家辦大事的排場風光，自然更是沒有了面子。胡雪巖不能「丟」面子。

胡雪巖如此處置，當然不是「死要面子活受罪」的硬撐。

他如此處置的效果是十分明顯的。

第一，這些措施使客戶保持了對於阜康的信心，由此穩定了人心並保住了自己的信譽。正是有了這一系列措施，杭州的擠兌風潮在開始的時候才沒有惡性發展。

第二，穩定了人心，也穩定了大戶，使原本可能參加擠兌的大戶不再加入擠兌風潮，減少了壓力。錢莊生意最怕擠兌，擠兌最烈則是大戶加入興風作浪。大戶穩定下來，零星散戶，力能應付，也就不足為慮了。

這是胡雪巖危機中力挽敗局的重要手段，只要在人們心中阜康的招牌不倒，自己的場面就可以繼續撐下去。

胡雪巖崇尚：
「有錢大家一起賺」
「不搶同行的飯碗」
「吃虧就是佔便宜」
「先做朋友後做生意」

他以誠待人，以信交友，
使自己的名字成為信譽的代名詞，
成為一塊縱橫商海的「金字招牌」。

胡雪巖能看到別人看不到的問題，
抓住別人抓不住的機會，
辦成別人辦不好的事情，
賺到別人賺不到的錢。

勢字訣：

善於用勢抓時機

商人做生意為求利是天經地義的事，
誰能賺得到更多的金錢，
求得更大的利益，誰就是英雄。

守、摸、交、創、變、打、快、破、面、勢、佈、跳、誠、誘、
挺、信、生、攬、研、藏、送、留、情、險、善

利用形勢要在抓住時機

胡雪巖說：「做事情要如中國一句成語說的，『與其待時，不如乘勢』，許多看起來很難辦的大事，居然順順利利地辦成了，就因為懂得乘勢的緣故。」

不少商人，希望以一己之力搖旗吶喊，造成對自己有利的趨勢，殊不知這樣做往往得不償失，真正高明的商人必然是順流而行，乘勢而行。許多看起來難辦的大事，居然順順利利地辦成了，就因為懂得乘勢的緣故。胡雪巖為幫助左宗棠籌辦船廠和籌措軍餉向洋行借款成功，就是乘勢而行的結果。

胡雪巖是中國歷史上第一個以商人身份代表政府向外國引進資本的商人。而在他之前，政府還沒有向洋人借款的先例，且有明確規定不能由任何人代理政府向洋人貸款。例如曾是軍機首領的恭親王就曾擬向洋人借銀一千萬兩用於買船，所獲批示卻是：「其請借銀一千萬兩之說，中國亦斷無此辦法。」這種情況甚至讓一向果敢有決斷的左宗棠對向外商借款能否獲朝廷批准也心存猶豫，是胡雪巖一番關於當下時勢以及辦大事要懂得乘勢而行的剖析使他得以堅定。

同樣是向洋人借款，那時要辦斷不會獲准，而這時要辦卻極可能獲准。這是時勢使然，一則那時向洋人借債買船，受到洋人多方刁難，朝廷大多數人不以為然，恭王亦開始打退堂鼓，自然決不會再去借洋債。而此時洋人已經看出朝廷決心鎮壓太平天國，收復東南財賦之區，自願借款以助朝廷軍務，朝廷自然不大可能斷然拒絕。二則當時軍務並不十分緊急，向洋人借款買船尚容暫緩，此時軍務重於一切，而重中之重又是鎮壓太平天國，為軍務所急向朝廷提出向洋人借款的要求，朝廷也一定會聽從。三則此時領銜上奏的左宗棠本人手握重兵，且因平定太平天國有功而深得內廷信任，由他向朝廷提出借款事，其份量自然也不一般了。借助這三個條件形成的大勢，向洋人借款不辦則罷，一辦則准成。

如果再細解析，胡雪巖所謂「與其待時，不能乘勢」，可以發現：胡雪巖所說的勢，指那些促成某件事成功的各種外部條件同時具備，即是恰逢其時、恰在其地等幾好合一，好的機會集合而成的某種大趨勢。

具體說來，這種「勢」也就是由時、事、人等因素交互作用形成的一種可以助成「畢事功於一役」的合力。

這裡的「時」即時機。所謂「彼一時，此一時」，同樣一件事，彼時去辦，也許無論花多大的力氣都無法辦成，而此時去辦，可能「得來全不費功夫」。

這裡的「事」是指具體將辦之事。一定的時機辦一定的事情，同樣的事情此時該辦亦可辦，彼時卻也許不可辦亦不該辦。可辦則一辦即成，不可辦則絕無辦成之望。這裡的人即具體辦事的人。一件事不同的人辦會辦出不同的效果，即使能力不相上下的兩個人，這個人辦得成的某件事，另一個人卻不一定能辦成。所謂乘勢而行，也就是要在恰當的時機由恰當的人選去辦理該辦的事情。

當然，我們更應清楚，在諸多因素中，對時機的選擇與把握是至關重要的，它可以說是我們「乘勢」的靈魂，這就猶如我們平常發表對某件事情或對某件事做一個決策的看法一樣。在許多事情的處理與運作過程中，特別是在商場的行事中，即使你是一個地位顯赫、舉足輕重的人物，即使是你的意見很富有科學理性、意見絕對正確、決策十分果斷準確，如果你想讓你的意見或決策發揮更大更有力的作用或影響，你也必須選擇恰當的時機，乘著「勢」而發。否則，說早了沒用，說遲了徒然自誤；說的場合不佳，效果不大，甚者帶來負作用。這就是「勢」的作用。

魄力能把時機變勝機

胡雪巖說，會做生意就要特別善於發現機會，要能夠很好地把握住機會，同時，還要特別善於利用機會。說到底，機會只有對於那些善於發現機會並且能夠很好地去抓住機會、利用機會的人，才成其為機會。

從把握機會方面來說，靠眼光，就是能夠發現機會，靠手腕，就是能夠牢牢抓住機會，靠精神力氣，就是捨得投入心力，把那一個一個被自己發現的或遇到的機會，經營成一個又一個實實在在的財源。

比如胡雪巖開始做生絲生意的時候，正是西方資本主義工業生產，特別是紡織工業大發展的時期，絲綢紡織正需要原料，洋人也需要從中國大量進口蠶絲，因而無論是做國內貿易，還是銷「洋莊」的國際貿易，都能賺大錢。胡雪巖要做生絲生意確實有些偶然的機會在發揮作用。比如王有齡得到海運局坐辦的官缺，上任伊始便遇到解運漕米的麻煩，請胡雪巖幫助自己度過難關，使他有了一個奔走於杭州與上海之間的機會。他們奔走於杭州、上海之間，雇請的正是阿珠家的船，阿珠爹恰好懂一些蠶絲生意，又使胡雪巖有了一個非常方便請教的機會。在解決漕米解運問題的過程中，胡雪巖又有機會與漕幫發生聯繫，且結識了十分熟悉洋場生意經的古應春。而且，不久王有齡又得到升遷署理湖州。這一切恰好都一環扣一環地發生了，胡雪巖這個全不懂蠶絲生意的門外漢也就順利地做起了蠶絲生意，進而又銷起「洋莊」，從事蠶絲「外貿」。這實在是「運氣」找他。

但如果胡雪巖沒有本事呢？比如，如果胡雪巖沒有一眼就看出了蠶絲生意大有可為的眼光，或者看到了卻不懂得如何利用眼前的有利條件呢？再比如，如果他沒有那種當機立斷說做就去做的氣魄，或者雖然知道要做但卻沒有合理調配人力、資金的能力，不知道怎麼去做呢？

一個簡單的事實是，信和錢莊的二老闆張胖子，與胡雪巖同行於杭州、上海，甚至比胡雪巖更熟悉江浙一帶的絲、茶經營。而且當時的信和還是杭州城裡最大的錢莊之一，資本比胡雪巖要雄厚的多，但他就是沒有想到去做這一樁能發財的生意。另一方面，胡雪巖經營蠶絲生意，無論是歷史的長短、經驗的豐富，還是實力的雄厚，都不如作為絲商巨頭的龐二。但胡雪巖一上手就想到聯合同業控制市場，操縱價格，在銷「洋莊」的生意中迫使洋人就範，而龐二做了那麼長時間的生絲「洋莊」卻沒有想到如此去做。

他利用阿珠家就在湖州且熟悉生絲生意的便利，立馬出資由阿珠的父親在湖州開設絲行；他利用王有齡外放湖州知州可以代理湖州官庫的便利，採取「借雞生蛋」的方法，立即著手生絲收購；然後聯繫洋商，結交龐二，大張旗鼓地做起了生絲銷洋莊的生意，如此一來，也只好讓他大發其財了。

說到底，沒有不承擔任何風險的生意。而且，商場上一筆生意能得利潤的多少，往往與經營者應承擔的風險大小成正比，所擔風險越大，所得利潤越多，所謂「脹死膽大的，餓死膽小的」，這似乎是商界一條古今一理、中外相通的法則。

要做一個能賺大錢的成功的商人，必須有過人的膽識和氣魄，簡單而言，也就是要敢做別人想不到去做，或者想到了但不敢去做的事情，特別是，能察人之所未察，在人所共見的風險中見出人所未見的「划得來」，並且只要看準了就搶先拿下，這樣才能比同行做得更好，發展更大。

胡雪巖的成功之處在於，看準形勢、大勢就必須抓住機會，敢想敢做，不要前怕狼後怕虎，裹足不前。大勢之中一事領先，事事領先。

胡雪巖崇尚：
「有錢大家一起賺」
「不搶同行的飯碗」
「吃虧就是佔便宜」
「先做朋友後做生意」

**他以誠待人，以信交友，
使自己的名字成為信譽的代名詞，
成為一塊縱橫商海的「金字招牌」。**

佈字訣：

做大生意須掌握佈局的要領

胡雪巖能看到別人看不到的問題，
抓住別人抓不住的機會，
辦成別人辦不好的事情，
賺到別人賺不到的錢。

商人做生意為求利是天經地義的事，
誰能賺得到更多的金錢，
求得更大的利益，誰就是英雄。

守、摸、交、創、變、打、快、破、面、勢、佈、跳、誠、誘、
挺、信、生、攬、研、藏、送、留、情、險、善

深通開店面的佈局學問

胡雪巖那個時代做生意的主要形式，唯其主要，開店前後的各項準備工作也就顯得尤其重要。實際上這也是開店的一個佈局問題。

胡雪巖說：「門面就猶如人臉，如不好會影響生意的。」怎樣做好一個店堂的門面呢？胡雪巖總結了開店佈局的三個準則：宜址、精修、巧陳。

第一，「宜址」，即店的地址選擇適宜。

一八七四年，胡雪巖選中杭州吳山腳下的大井巷為址建屋造店，創辦胡慶餘堂，這是有他的深意的。

吳山坐落於西湖南面，由紫陽、雲居、七寶、峨嵋等十多個小山頭組成，西連鳳凰山、將臺山和玉皇山，相傳，春秋時這裡是吳國的南界，因而得名，又因山上有座城隍廟，所以又叫「城隍山」。吳山歷史悠久，有很多古跡，如：春秋的伍子胥廟，晉朝的郭璞井、宋代的東嶽廟、明朝的城隍廟等。在吳山的山崗上，因石灰岩長期溶蝕作用形成了一組唯妙唯肖的「十二生肖石」，山頂上有一座高八米、雙層重簷的江湖彙觀亭，登上此樓北望西湖明澈似鏡，南眺錢江宛若錦帶。到了清朝雍正年間，「吳山太觀」被列為「西湖十八景」之一，這個景目又包括金地笙歌、瑤台萬玉、紫陽秋月、三茅觀潮、楓嶺紅葉、雲居聽松等「吳山十景」。吳山的自然和人文景點吸引著眾多的遊客前來觀光，使它成為杭州客流量很大的一個地方。

杭州從唐宋以來就佛寺遍佈，有「東南佛國」之稱。在每年春暖花開的季節到立夏為止將近一個月左右的時間裡，各地（主要是杭嘉湖三地及蘇南一帶）的善男信女身背寫著「朝山進香」的黃布香袋，成群結隊地湧入杭城，到各寺院燒香拜佛、許願還願，這種年年必有、規模宏大、具有宗教色彩的特色旅遊景點給經商者帶來了生意，他們或在寺院附近定點設鋪、或隨處流動設攤，出售胭脂、簪珥、牙尺、剪刀、木魚、經卷、玩具、花籃、梳子、藥物等物品。據范祖述原著、洪如嵩補輯的《杭俗遺風》記載：「城中三百六十行生意，一年中敵不過春市一市之多。大街小巷，挨肩擦背，皆香客也……各色生意，誠有不可意計者矣。」這種因燒香拜佛者聚集而成的商業性集市叫做「香市」。

吳山早在元代就有香市，元代詩人貢有初在《春日吳山絕句》中有「十八姑兒淺淡妝，春衣初試柳芽黃。三三五五東風裡，去上吳山答願香。」就從側面反映了吳山香市的情況。到了清代，吳山香市與錢塘門外的昭慶寺香市、嶽墳以北七八里開外的天竺香市成為杭州持續最久、規模最大、集市最盛的三大香市。

鑑於上述情況，吳山在生意人眼中具有特殊意義，而其腳下的大井巷是人們登吳山的必經之路，所以胡雪巖選中這塊「黃金寶地」，在上吳山的石階路旁購地八畝，開設建築面積約一萬兩千平方米的胡慶餘堂國藥號，為其經營奠定了長期、固定的基地。應該說，這是很有眼光的。

第二，「精修」，即店堂修建精緻，別具一格。

胡慶餘堂初造時由東西並列的三進建築組成（後來西邊一進被拆除，現只剩兩進）：頭進營業店堂，二進是製藥工場，這種前店後場、產銷結合的組織格局有利於靈活、及時地適應顧客需要。兩進樓房之間有夾弄和封火牆相隔；每進設前、後天井、左、右有廊屋相連，呈環形通達之狀，外觀氣派，結構簡潔。

作為我國古代建築史中不可多得的建築群，胡慶餘堂除了具備江南園林大紅漆柱、鎏金描彩、雕梁刻枋、飛簷鏤格等古樸典雅的共性之外，還根據營業需要，有自己獨特的創意：整座建築被設計成仙鶴狀，象徵著店鋪生機長存，四周造起高十二米（牆腳就高達二米）、長六十米的青磚封火牆。胡雪巖請人在靠河坊街的一面牆上寫了「胡慶餘堂國藥號」七個特大漢字，十分引人注目。

胡慶餘堂的上簷有一般建築比較罕見的一排排花燈狀的垂蓮柱，正門在大井巷內青石庫門坐西朝東，青磚角疊的門樓上鑲嵌著「慶餘堂」三個金光閃閃的大字。跨過門樓，映入眼簾的是「進內交易」牌，四個鎏金大字，遠看凸出，近看凹進，一望就知是高手之作。入口長廊被做成船篷軒。

人靠臉皮，店仗門面，胡慶餘堂如此不落俗套的設計能不使人頓興好奇和讚歎嗎？

第三，「巧陳」，即店堂的內部擺陳巧妙適宜。

胡慶餘堂就像一隻棲息在吳山腳下的美麗仙鶴，它的門庭就像「鶴首」。過了門庭拐彎就是「鶴頸」長廊，迎面是一個八角石洞門，門洞上有青磚雕出的「高入雲」三字，左側橫牆上堆塑著取材於神話傳說「白蛇傳」的「白娘娘盜仙草」圖案，整個長廊的石壁掛著三十六塊用銀杏木精製、黑底金字的丸藥牌，如外科門神丸、胡雪巖避瘟丹、安宮牛黃丸、十全大補丸、大補全鹿丸、小兒回春丸、等等，牌上標明各種丸藥的主治功能，於裝飾之中巧妙地為顧客提供了極好的藥材和藥品性能的說明，既傳播了中醫藥知識，又發揮廣而告之的作用。

過了石洞門，長廊的末端有四角亭，簷掛精雅的宮燈，梁繪中醫始祖神農嘗百草、白娘娘盜仙草、桐君老祖白猿獻壽以及李時珍、朱丹溪的故事，栩栩如生。看到這些飾畫，人們很容易浮想聯翩，如登仙界，如返幽古年代，在得到美的享受之餘，從這些與中醫密切相關的神話人物和古代先賢中聯想到中醫文化的源遠流長；四角亭下面有一排紅漆的「美人靠」，這是視顧客為「養命之源」的胡慶餘堂為顧客特設的小憩之處。長廊四周奇花爛漫，異草蔥翠。

穿過「鶴頸」長廊往右拐就是第二道門，門樓兩邊有「野山高麗東西洋參，暹邏（泰國舊名）官燕毛角鹿茸」的對聯，上端橫臥一方「藥局」匾。要知道，過去的藥業分藥店和藥局兩類，藥局規模大，包括直接向產地進貨的藥號、批發的藥行，胡雪巖有銀號、錢莊、典鋪互為挹注的金融網、資本大、手面寬，兼營藥號、藥行、藥店、因此，堂而皇之地掛了「藥局」，頗有雄視醫藥界的威風。

跨過「藥局」門樓的青石門檻，便來到坐北朝南、金碧輝煌的營業大廳。這裡雕欄玉棟、宮燈高懸，頂棚玻璃透光明亮、廳堂陳設琳琅滿目。牛腿（連接柱、樑的建築構件）精雕吉祥動物圖案和古色古香的人物故事，大廳兩旁分立高大的紅木櫃檯，給人一種莊重的感覺，左側為配方、參茸櫃，右邊是成藥櫃。櫃檯後邊更高大的「百眼櫥」擺著色澤不同的瓷瓶和幽幽發光的錫罐，神秘而又高雅，「百眼櫥」格斗裡存滿了各種藥材飲片。正中的「和合」櫃檯，兩邊掛著「飲和食德，俾壽而康」的「青龍」招牌，說的是飲食適可、有規律，使人健康長壽，也有向客人揭示「飲和食德」是要擠垮、吞併杭城另兩家資格老、規格大的藥號「許廣和」與「葉種德」，含有競爭的火藥味。「和合」櫃檯兩側有兩副對聯，外面一層是「莊雲在霄甘露被野，餘糧訪禹本草師農」，橫批是「真不二價」，裡面一層是「益壽引年長生集慶，兼吸並蓄待有作有餘」，中間上方掛著「慶餘堂」橫匾。兩副對聯筆法遒勁，而且各自巧妙地把「慶」、「餘」二字用於對聯首尾。

值得一提的是，「慶餘堂」三字出自南宋奸相秦檜（一〇九〇至一一五五年，江寧（今南京）人），在秦府落成時書寫的「余慶堂」的手跡。秦檜在宋金對峙的形勢下，主張向金稱臣納幣、主持和議，並以「莫須有」的罪名殺害了精忠報國的抗金名將岳飛，結果被後人鑄成反剪雙手、面嶽墓而跪的鐵像，還落得個「白鐵無辜鑄佞臣」的千古罵名。不過，秦檜品德雖然不好，卻是一大書法家，而且他在北宋末年歷任左司諫、禦史中丞，南宋高宗年間兩任宰相，前後執政十九年，特別是冤殺岳飛一案提高了他的知名度，胡雪巖將秦檜「余慶堂」手跡顛倒為「慶餘堂」來用，除了欣賞秦檜的字，恐怕還隱含從反面利用秦檜的「名人效應」的因素，這大概又是他得意的一則廣告的創意吧。

在胡慶餘堂製藥工場的東樓和作為門市部的西樓之間有一條長長的通道相連。封建時代是不允許商人在店堂裡擅設通道的，但因胡雪巖被賞戴紅頂花翎、穿黃馬褂後，成為晚清商界「異數」，所以才有此特例。這條通道名叫「長生弄」，中間比兩旁高出些許，儼然如皇宮及宮府內的通道，這顯示出了胡慶餘堂藥號主人的顯赫聲勢和大藥號的排場。

總之胡雪巖的店址選擇佳宜、修制精好、擺陳巧妙，使得胡慶餘堂的門面有很高的文化品味，與眾不同，極有個性色彩。這說明，天時、地利、人和固然是商業興隆的因素，但必須靠個人的佈局之道去創造和爭取。

佈生意之局要善於應變

你佈下一個生意之局之後，不能坐等享受收局後的快樂，而應細察局勢的風吹草動，並從中發現可能發生變化的蛛絲馬跡，然後是佈置相應的應變措施。這樣才會永遠走在別人前面。

胡雪巖認為，一項投資能否最終經營成自己的一道財源，要做出準確的判斷，並非是一件輕而易舉的事。這其中的關鍵是要有全局的判斷能力。能夠「盤算整個局勢」，能夠看出整個局勢發展的大方向，並知道如何「照這個方向去做」，才能使自己立於不敗之地。胡雪巖在他的鼎盛時期能縱橫商場保持不敗，很大程度上就在於他有於複雜局勢中見出必不可易的大方向的過人的眼光。

仍以胡雪巖的蠶絲生意為例，他佈下的初局是控制貨源，進而控制價格，但是在小刀會的活動、朝廷的禁令等新情況出現後，他對局勢的進一步發展做出了新的判斷，進而改變了佈局的初衷，採取了新的措施，那就是不如先「放點交情給洋人」，為將來留個見面的餘地，因此，即使現在自己無法實現控制洋莊市場的目標，也在所不惜了。

這就是胡雪巖眼光精明之所在。這一票生意做下來，他確實沒有賺到錢，但由於有這票生意「墊底」，胡雪巖也確實為自己鋪就了一條與洋人做更大生意的道路。事實上，胡雪巖在這一筆生意上「賣」給洋人的交情，馬上就為他賺來了與洋人生絲購銷的三年合約，為他以後發展更大規模的洋莊生意，為他借洋債發展國際金融業，總之為他馳騁十里洋場，留下了一個很好的開端。總之，佈局的過程和結果變了，但局勢的主動權始終掌握在自己手中。

所以說，在佈局過程中，遇到變化不要緊，重要的是要像胡雪巖這樣，隨時調整佈局節奏才能做出好局。

胡雪巖崇尚：
「有錢大家一起賺」
「不搶同行的飯碗」
「吃虧就是佔便宜」
「先做朋友後做生意」

他以誠待人，以信交友，
使自己的名字成為信譽的代名詞，
成為一塊縱橫商海的「金字招牌」。

胡雪巖能看到別人看不到的問題，
抓住別人抓不住的機會，
辦成別人辦不好的事情，
賺到別人賺不到的錢。

商人做生意為求利是天經地義的事，誰能賺得到更多的金錢，求得更大的利益，誰就是英雄。

跳字訣：

跳出去經營更大的人生局面

守、摸、交、創、變、打、快、破、面、勢、佈、跳、誠、誘、挺、信、生、攬、研、藏、送、留、情、險、善

跳脫小商人的狹窄視野

斤斤計較於眼前的一點蠅頭小利，是做不成大生意的。胡雪巖能夠從利益堆裡跳脫出來，著眼於更廣闊的空間，從而使自己的大生意和他的為人一樣做得波瀾壯闊。

胡雪巖一生經商，有一志向就是「上憂國，下憂民」，這是他繼承了傳統商人優秀品格中的一個重要理念。協理洋務，協助西征是報國；濟世善舉，善扶貧困之民則是憂民。這是胡雪巖成功的又一重要因素。胡雪巖一向認為：無論為官為商，都要有一種社會責任感，既要為自己的利益著想，也要為天下黎民著想，否則，為官便是貪官，為商便是奸商，這兩種人，都是沒什麼好結果的，因此，他胸懷濟世之精神去經商。

自古以來，商人總是為利而奔波，為利者當然免不了使手段、耍聰明。因為「利」之為物，往往不在己，而在他人，或隱匿於物中，尚需發掘。

商人們就是要運用自己敏銳的眼光，縱觀萬事萬物，從中發現有可乘之機，然後運籌帷幄，從中漁利。

由於有利迷了眼，難免在別的事上就分不清，於是成天淒淒惶惶，極盡投機鑽營之能事。中國的傳統是看不起商人，這也是許多商人不知自重，只知鑽營的結果。

時代發展到了胡雪巖這兒，商業有了較大的發展，但商人的地位卻仍舊沒有多大的提高，胡雪巖雖然是個商人，時人卻對他交口稱讚，後人也對其景仰不已，其理由何在？

當然，無論時人還是後人都絕不是看重胡雪巖能以錢莊小夥計的身份一躍而成為富可敵國的商業家，且數十年雄風不減。真正讓人們心服的是胡雪巖雖身在商界，卻能心憂天下。

浙江氣候適宜，自然生態環境優越，是中國主要的藥材產地之一，浙貝、元胡、白求、白芍、麥冬、玄參、郁金和菊花號稱「浙八味」，在杭州城鄉都有廣泛種植，並以品質優良而為歷代皇家御醫所採用。由於得天獨厚，早在南宋時期，杭州的中醫藥就已經很發達，當地出產的中藥材達七十餘種，官方設立「惠民和劑藥局」，收集醫家和民間驗方製成丸、散等成藥出售，並把藥方編成《太平惠民和劑局方》，詳細羅列主治病症、製劑改革方法。

在中國人文傳統中，「困則獨善其身，達則兼濟天下」被奉為處世為人的良箴，而從醫製藥以救死扶傷贏得社會的普遍敬重。胡雪巖身處醫藥業發達的杭州，或多或少地會受到中醫文化的影響。另一方面，咸豐、同治、光緒三朝，全國範圍的農民起義、中外交戰此起彼伏，每打完一仗，往往屍積如山，加上自然災害也相當頻繁，各地瘟疫盛行。

一八五一年（咸豐元年）清代人口超過四億，比一八一一年（嘉慶十六年）增長

十五．三%，年平均增長率為四．七%，但在一八七五（光緒元年），人口下降到三億二千萬，處於負增長，這與當時的戰亂、疫病有關，胡雪巖看在眼裡，心中拿定救死扶傷的主意，早在清軍鎮壓太平軍和出關西征時，他就已邀請江浙名醫研製出「胡雪巖避瘟丹」、「諸葛行軍散」、「八寶紅靈丹」等藥品，寄給曾國藩、左宗棠軍營及災區陝甘豫晉各省藩署。戰亂結束後，「討取填門，即遠省寄書之藥者目不暇接」為「廣救於人」，胡雪巖決定開辦藥號。

胡雪巖亂世之中開藥店不過是善舉，想以此賺錢，卻是萬萬不能的，為什麼呢？亂世之中，常有瘟疫蔓延，兵匪交結，傷殘無數，百姓流離失所，或水土不服，以致有病，或風餐露宿，大病纏身，這些都需吃藥。然而，亂世流離，幾個人身上有銀兩呢？所以造成醫者不敢開門行醫，因為開門必賠。

這些道理胡雪巖豈能不知？只是念及天下黎民的艱辛，縱然賠本，他也樂意，於是下令各地錢莊，另設醫鋪，有錢少收錢，無錢白看病、白送藥。

而且胡雪巖還與湘軍、綠營達成協定，軍隊只要出本錢，然後由他派人去購買原材料，招集名醫，配成金瘡藥之類，送到營中。曾國藩知道後，感歎道：「胡雪巖為國之忠，不下於我。」

鎮壓了太平天國之後，天下士子雲集應天府，進行科舉考試，胡雪巖又派人送各種藥品、補品給這些士子。因為每年考試期間，許多士子由於連夜奔赴，或臨陣磨槍，身心都極度疲乏，往往一下子就病倒了。胡雪巖此舉，乃是有因而為，當然，也受到考官、士子們的交口稱讚，並紛紛托人向胡雪巖致謝。

胡雪巖派人答謝道：「不必言謝，諸位乃國之棟樑，胡某豈能不為國著想，以盡綿薄之力。」

也有人說，胡雪巖的這些舉動不過是自塑形象，為他自己打廣告，事實上，胡雪巖的這些舉動也確實達到這種效果。

比如他開藥店進行義診，使得天下人都知道，浙江有個「胡善人」；他為軍營送藥，曾國藩忍不住誇他，而使他成為忠義之士；他為應考的士子送補品，天下士子都感激他，朝廷也因他的種種舉動而賞他二品官銜。

這些看起來似乎都是出於一種功利的目的，至於胡雪巖當日是否是出於功利的目的才這樣行動，已並非我們所討論的核心。其實，世界上許多東西都是義利分不清的。作為一個有眼光的商人，應該把這兩者很好地結合起來，而不是取其一端，因為無論取哪一端，作為商人，他都不是成功的。

從一八七五年（光緒元年）開始，胡雪巖便雇人身穿印有「胡慶餘堂藥號」字樣的號衣，在水陸碼頭向下車、登岸的客商、香客免費贈送避瘟丹、痧藥等民家必備的

「太平藥」，宣傳藥效，使外地人一到杭州，就知道杭州有家胡慶餘堂藥號。據說，從一八七五年到一八七八年（光緒四年）的三年多時間裡，光施送藥品一項，就花去胡雪巖十多萬兩銀子。同時，胡慶餘堂在《申報》等報紙上刊登廣告，並印刷了大批《浙杭胡慶餘堂雪記丸散全集》分送社會各界。人們的嘴巴是流動的廣告，胡雪巖免費所做的善舉透過受其惠、見其事的人一傳二、二傳三而名聞遐邇，終使胡慶餘堂尚未開始營業就已名揚四海，這是胡雪巖「長線遠鷂」的經營策略。一八七八年（光緒四年）春，大井巷店堂開張以後，上述耗費就以成倍的利潤回收了。

到一八八〇年（光緒六年），胡慶餘堂的資金已達二百八十萬兩，與北京的百年老店同仁堂分峙南北，有「北有同仁堂，南有慶餘堂」之稱。一個不熟悉藥業的人終於在中國藥業史下寫下了光彩奪目的一筆。行醫施藥救死扶傷，符合儒家社會一向倡導的「仁道」，胡雪巖創辦胡慶餘堂之時已有出將入相的左宗棠做靠山，所以與清廷各級官吏過從密切。此時他已擁資二、三千萬兩以上，被人恭為「活財神」。可見，他創辦藥號並不完全是為了經濟效益，更多的是把它作為一件慈善事業來辦。由於善名遠播，無形之中被轉化為難以計數的實利。

這個道理在現代應該是被許多商人看清了，所以許多大商人往往又是大慈善家，他們到處捐款，救濟孤老，興辦學校，受到社會的好評，他們的商業機構或產品也因之受到更多的認可。

在胡雪巖的事業中，錢莊、典鋪占重頭，藥業僅是極小一部分，可是後來，他破產身死後，其家人維持生活靠的卻是胡慶餘堂的招牌股。而且在國事動蕩的近代，有多少巨商萬貫家財毀於一旦而名姓湮沒，如果沒有胡慶餘堂，很難說胡雪巖的聲名是否還能流傳至今。這些也算是胡雪巖開藥店、行「仁術」的善有善報吧。

實現官與商之間的跳躍

胡雪巖以官商聞名，但能做到像他這樣在官、商兩界遊刃有餘，在官與商之間跳來跳去無所阻滯的人少之又少。他從最低層跳到最高層，又從利益之中又跳出利益之外。

胡雪巖一生的走向如清代陳代卿評述胡雪巖離奇的一生：「遊刃於官與商之間，追逐於時與勢之中；品嘗了盛衰榮辱之味，嘗盡了生死情義之道。」

胡雪巖遊刃商界，步步為營，節節上升，最終登峰造極，以「紅頂商人」名播天下。在封建時代，商人地位低微，所以以富求貴，躋身官場一直是商人的夢想。

晚清時，雖然已有人發出「以商立國」、「商為四民之綱」的吶喊，然而，由於傳統的惰性作用，邁向近代化的步履還是相當沈重的，又因為幾千年來代代承襲的官本位思想已成為積澱於人們心中的價值取向，畸變成難以掙脫的怪圈，唐力行在《商人與中國近世社會》一文中舉一九〇八年（光緒三十四年）蘇州總商會為例，其總理、協理兩人均有中書銜，十六個會董中，捐有二品職銜、候選州同銜、都事銜者各一人，試用知府、布政使司理同銜各二人，候選同知、同知銜，候選郎中、員外郎，候選縣丞、知事各三人。這說明近代商人仍競相捐納報效，想方設法與官僚沾邊，以博取榮銜、求得封典來提高自身的地位。

與胡雪巖在生意上有合作關係的南潯「四象」（大絲商資財在銀洋五百萬元以上的稱「象」，一百萬元以上者為「牛」，十萬元以上者叫「狗」）之一的龐雲之曾（一八三三至一八八九年）以兒子龐雲濟（一八六四至一九四九年）的名義，向清廷捐獻十萬兩紋銀，作為賑捐河南、直隸災害的報效，經李鴻章奏請，賞龐元濟為舉人，特賞一品封典，候補四品京堂。

在清朝，賞穿黃馬褂可是件了不得的大事。清太祖努爾哈赤第二子代善的後代昭木連（一七七六至一八二九年）在所著《嘯亭雜錄》中記載黃馬褂定制：「凡領侍衛內大臣，禦前大臣、侍衛、乾清門侍衛外，班侍衛、班領、護軍統領，前引十大臣，皆服黃馬褂。凡巡幸，扈從鑾以為觀瞻。其他文武諸臣或以大射中侯，或以宣勞中外，上特賜之，以示寵異雲。」可見只有皇帝身邊的侍衛扈從和立有卓著功勳的文武大臣才有資格賞穿黃馬褂。即使是馳騁疆場大半輩子的左宗棠也是在五十三歲那年，即一八六四年（同治三年）從太平軍手中奪回浙江省城杭州之後才被賞穿黃馬褂的。況且黃馬褂一向由皇帝主動特旨賞賜的，哪有臣下指名討賞的道理。

但左宗棠為了胡雪巖，一不怕碰釘子，二煞費苦心做文章。他開始打算在賑案內保舉胡，經與陝甘總督譚鍾麟商議，覺得縱然獲皇帝特旨諭允，也難過部驗一關，於是，在一八七八年三月二十六日（光緒四年二月二十三日），左宗棠上疏請求皇帝飭令吏、兵兩部於陝甘、新疆保案從寬核議。第二天，他又寫信給譚鍾麟，其中提到：「即以時務言之，隴事艱難甲諸行者，部章概以一律，亦實未協也……胡雪巖為弟處倚賴最久、出力最多之員，本為朝廷所洞悉，上年承辦洋款贍我饑軍，復慨出重貲恤茲異患，弟代乞恩施破格本屬有詞，非尋常所能援以為例……如尊意以陝賑須由陝西具奏，則但敘雪巖捐數之多，統由左某並案請獎，亦似可行。」四月十二日（三月初十日），左宗棠又寫信給譚鍾麟，說：「實則籌餉之勞唯雪巖最久最卓，本非他人所能援照，部中亦無能挑剔也。」十天以後，左在給譚鍾麟的信中指出：儘管黃馬褂非戰功卓著者不敢妄請，但它可以大致依照花翎的章法，胡雪巖既然已得花翎，已類似戰功之賞，而且他對全國各地水旱災害賑捐達二十萬兩，誰能比得上？由此左認為替胡雪巖奏請黃馬褂似亦並不為過。

經過一段時間的醞釀，左宗棠終於在一八七八年五月十五日（光緒四年四月十四日）鄭重地上奏了《道員胡光墉請破格獎敘片》，除記述胡雪巖辦理上海採運局務、購槍借款、轉運輸將，力助西征的勞績，還長篇累牘地羅列了胡雪巖對陝西、甘肅、直隸、山西、山東、河南等省災民的賑捐，估計數額達二十萬兩內外，「又歷年捐解陝甘各軍營應驗膏丹丸散及道地藥材，凡西北備覓不出者，無不應時而至，總計亦成鉅款，其好義之誠，用情之摯如此。」左宗棠在奏件中還發誓：「臣不敢稍加矜詡，自蹈欺誣之咎。」這樣，胡雪巖既有軍功，又有善舉，還有被朝廷倚為重臣的左宗棠的擔保，清廷果然批准給胡雪巖穿黃馬褂，皇帝還賜允他在紫禁城騎馬。胡雪巖在杭州城內元寶街的住宅也得以大起門樓，連浙江巡撫到胡家，也要在大門外下轎，因為巡撫品秩只是正二品。乾隆時期的鹽商曾因鉅額報效而獲紅頂，但像胡雪巖這樣既有紅頂子又穿黃馬褂、享有破天荒殊榮的卻是絕無僅有，難怪這位特殊的官商被人稱為「異類」。

胡雪巖具有亦官亦商的雙重身份，既有官的榮耀，又有商的實惠。他借助官銜來抬高身價，增強自己的競爭能力。

「為政要看曾國藩，經商要讀胡雪巖」，是中國社會的一句流行語。不管此語的語寓與目的如何，但卻道出了胡雪巖在商人心目中的地位，更反映了胡雪巖在當代社會的歷史影響。

作為十九世紀下半葉中國商界的風雲人物，胡雪巖有著離奇繽紛的生命歷程。他生逢亂世，借助權貴、政要之勢，營造了億萬貫家財，在太平天國運動時，他納粟助賑，為清朝政府效犬馬之勞。洋務運動興起後，他延洋匠、引設備，頗有功績；在左宗棠揮戈西征時，他籌糧械、借洋款，功勞不微。幾經周折，他終於從一個錢莊的小夥計暴發成為富甲天下、顯赫一時的「紅頂商人」。之後，他從容流轉於紅頂子、黃馬褂、生意經之間。營造了以錢莊、當鋪為網點，涵蓋全國的金融行業，並兼營了知名品牌藥店——「胡慶餘堂」。晚年則因洋商排擠、朝廷權貴打殺，終成欽定罪犯，最後遭抄家籍產，鬱鬱而終。

「胡雪巖，商賈中奇男子也，人雖出於商賈，卻有豪俠之概。」這是左宗棠在奏摺中的一句話。奇，有「獨特」、「特別」、「罕見」、「與眾不同」、「重要」之意。這個「奇」字縱貫了胡雪巖之一生，真實、貼切地反映了胡雪巖之特點。真可謂概括之精妙。

胡雪巖的一生的確是極為奇特複雜的一生，他是中國封建社會商人經營、發達的濃縮，更兼終結了舊式的傳統商人，開啟了中國新式商人的先路。所以，魯迅先生稱他為「中國封建社會的最後一位商人」。所謂「最後」有三層含義：一是「集大成者」；二是「承前啟後」；三是「不再出現」。這一定位恰恰又體現了胡雪巖在商業史上的地位的特殊性，這又是一「奇」。

就個人的價值實現層面來看，胡雪巖一生中體味到了正二品「紅頂商人」、家財億貫的極盛極榮，又品嘗到了家敗世衰、家破人亡的極衰極辱。這樣大的反差經歷集於一人，在歷史上也屬少見。

就個人情感上而言，無論是友情、愛情與親情，其間的虛偽、欺騙與狡詐，真摯、誠實與傾心，都在胡雪巖一人情感心路中意印出來了。

胡雪巖的創業、發達也是一「奇」。創業之「奇」一在「快」，胡雪巖在短短的十年間，就從一個地位卑微、一貧如洗的店員發跡到富甲天下的豪賈；二在其白手起家。而恰恰又是這兩點迎合了廣大創業者的胃口，給那些渴望成功之人以勇氣與希望。

胡雪巖創業發達之「奇」，也必然有賴於他所處的時代之「奇」。我們都知道，胡雪巖所處的時代既有內憂外患頻仍交襲的創痛，又有新潮激蕩、網羅打破的感奮。這是一個憂患與希望並存，機遇與挑戰同在的時代，而他正是在這個大變動的時代中把握住了機遇，成就了一代巨賈，這也是一個劇變激烈、震蕩翻天的時代，也正是這樣一個起伏巨大、跌宕冗起的環境，才使得胡雪巖有如此巨大的起伏。

如果說時代之「奇」是「機遇」、是「天助」的話，那麼，謀略之「奇」則是胡雪巖自身具備善抓機遇的本質與能力，是「自助」。浸於幾千年中國傳統謀略之中的胡雪巖，可謂將古代謀略充分地運用於生意場上，並對中國古代商人的經營手法做了一個全面的總結與提升。活動方式之「奇」也映現了胡雪巖一生的特點。胡雪巖的時代恰好是一個新舊、東西接觸博弈的時代，這導致了胡雪巖一生的活動方式也是一個新舊、東西交合的形態。辦錢莊與販軍火，買賣商品與做期貨；凡是可能做的，凡是他知道的，無論是中國的還是西方的，他都做。也許正是他這種包容新舊、中西的，在當時屬於創新性的經營活動方式，才促使了他成功。這在當時來說，也不得不說是一「奇」。

胡雪巖崇尚：
「有錢大家一起賺」
「不搶同行的飯碗」
「吃虧就是佔便宜」
「先做朋友後做生意」

他以誠待人，以信交友，
使自己的名字成為信譽的代名詞，
成為一塊縱橫商海的「金字招牌」。

誠字訣：沒有真誠無法打天下

胡雪巖能看到別人看不到的問題，
抓住別人抓不住的機會，
辦成別人辦不好的事情，
賺到別人賺不到的錢。

商人做生意為求利是天經地義的事，
誰能賺得到更多的金錢，
求得更大的利益，誰就是英雄。

守、摸、交、創、變、打、快、破、面、勢、佈、跳、誠、誘、
挺、信、生、攬、研、藏、送、留、情、險、善

門口高掛「戒欺」匾

欺騙是真誠的對立面，胡雪巖避之唯恐不及，更是把「戒欺」當成自己的金字招牌。

胡雪巖生活的時代正處於傳統的自然經濟向以大機器生產為基礎的社會化商品經濟緩慢過渡的轉型期。商品經濟的發展使人們的經濟行為和論理價值正發生著重大變化，一方面，競爭意識日漸發達，這有利於衝破封建禁錮，造成使趨利重商蔚然成風的局面。但另一方面，商品經濟基礎上形成的逐利拜金的心態沖淡了道德律令，出現了一股影響近代商品經濟健康發展的逆流，一些唯利是圖的人偷工減料，以假亂真，以次充好，造成了很不好的影響。

光緒年間，身為湖廣總督的張之洞入京覲見皇帝時偶遊海王村，見一家古董店裝潢雅緻，便駐足瀏鑒起來。店堂裡陳列著一隻陶製巨甕，形狀奇詭，色彩斑斕，用大鏡屏一映，光怪陸離，絢麗奪目。張之洞仔細審視，見四周都是蝌蚪狀的篆籀文，難以辨識。張愛不釋手，詢問開價多少。店家稱此物乃出於某大官家的文物，特借來陳設，不能出售。張之洞悵然而歸，但心中總掛記著這事。

過了幾天，他帶了一個愛好文物的幕僚又去那店察看，這位幕僚也斷定那巨甕是古物，張之洞決定買下，令店主與大官家商議。過了一會兒，店主領來一個「大官」家的管事，開價三千兩銀子，最後以二千兩成交。張之洞喜滋滋地帶回巨甕，命人把上面的篆籀文拓印數百張，分贈僚友，把巨甕放在庭院，裡面注滿水，養了幾條金魚。一天晚上，下起了大雷雨。第二天一早，張之洞起視巨甕，只見篆籀文已痕跡斑駁，化為烏有，始知前視「蒼然若古者，紙也；黝然而澤者，蠟也。」

張之洞系同治進士，歷任翰林院侍講學士、內閣學士、四川學府、山西巡撫、兩廣總督、湖廣總督、署兩江總督等職。翁同和是咸豐狀元，歷任戶部侍郎，都察院左都禦史，刑部、工部、戶部尚書，軍機大臣兼總理各國事務衙門大臣。即使是這樣兩個身居高位、見多識廣的人也被古董商矇騙了，可見晚清時假冒偽劣品的嚴重和巧妙程度！

上海馬路邊上有攤位出售香水，其商標瓶式與店中所出售的差不多，打開瓶蓋，芳香撲鼻。有個名叫張仲康的寧波人初到上海，信為佳品，一下子買了三瓶，回家打開才知都是白水，這是中了奸商的調包計。

胡雪巖開胡慶餘堂，經營的是中醫藥業，這個行業自古以來就有單方秘製的特點，一旦製成藥品，一般人是很難辨識真假優劣的，故有「藥糊塗」之說。可是，藥品事關人命，許多生藥材（指未加工過的動、植物及礦物）含有對人體有毒的成分，必須經過水製、火製或水火泡製後，才能既保持藥效又除去或中和其中的有毒成分。在達到藥用要求後，還需對藥材做取捨搭配，而這就要求藥的種類、數量和品質等來不得半點虛假和馬虎。以假充真、以次充好，或減少貴重藥的配量都會影響療效，甚至會危及人的性命。

正是針對種種欺詐行為，一八七八年五月（同治四年四月）胡慶餘堂創辦之初，胡雪巖就親自立下「戒欺」的匾。

「戒欺」匾上文字的意思是說：做任何買賣都不可有欺詐行為，藥業是人命關天的行業，更不能以偽劣藥品牟取暴利，希望大家採購藥材要道地，加工成藥要精細，不至於矇騙我又蒙蔽世人，這樣才是積「陰德」，可說大家是為我著想，也是大家自重自愛。

胡慶餘堂眾多的匾額和招牌都是朝外掛的，用以方便顧客觀賞，唯獨這塊黃底綠字、筆力遒勁的「戒欺」匾卻是朝裡掛著，正對著坐堂經理的位置，這包含著雪記主人期望坐堂經理嚴格把關、督促眾人恪守「戒欺」這個店訓的一片苦心。

「戒欺」匾的中心思想是強調信譽。信譽是多次商品交換中形成的消費者對商品生產者和銷售者的一種信賴關係，是商品的微觀經濟效益與宏觀社會效益相統一的具體體現。信譽是倫理學範疇，蘊含著功自心誠、利從義業的辯證關係，它要求商人以誠信原則來規範和制約自己的經濟行為；信譽又是企業素質的綜合反映，是企業經營文化的結晶體，它要求企業「言必信，行必果」，「貨真價實」，童叟無欺」，始終如一地保持產品的成分、品質和性質。

商品有價值，這個道理大家都明晰，孰不知信譽也有價值。自古以來，誠信致利、欺詐招害的典型不乏其例。

歷史事實證明：靠投機欺詐只能獲取一時的蠅頭小利而自毀永久的聲譽；恪守信譽、抓住好品質才能創出牌子，開闢出取之不竭的財源。這個結論也是符合商品經濟發展的客觀規律的：作為商品，具有使用價值和價值兩重性，而價值是透過使用價值來實現的，品質好的商品使用價值當然高，所以，貨真質優是一切買賣成交的前提。凡消費者人人都希望價廉物美，但其中又有主次之分，物美占主導地位，如果不能做到物美又價廉，人們情願質優價貴也不願質次價廉，更不會容忍質次價貴。

胡雪巖正是作為一個有眼光、有頭腦的經營者清楚地認識到信譽是企業生存發展的關鍵而親立「戒欺」匾，「戒欺」訓規代代相傳，成了歷代慶餘堂人的「傳世秘方」，一百二十多年來，胡慶餘堂真正做到了童叟無欺，貨真價實。

一塊小小的匾額，竟然成了胡慶餘堂的象徵性招牌。藥店多的是，大家也都知道假藥存在，都在標榜自己的藥是如何純，功效是如何大，但誰也沒有胡雪巖的法子妙。他就憑一塊「戒欺」匾，把「買胡慶餘堂的藥，吃著管用，放心」深深植入了顧客的心裡，而且連大內也要胡慶餘堂進貢。

同行之間的競爭，未必就非得刀光劍影，賠本賺吆喝地鬥，關鍵在於巧妙，如何以真誠讓顧客認可才是競爭宣傳中的重中之重。

店大不欺客

要贏得顧客，固然得產品精良，但如果認為產品精良就會贏得顧客那就錯了。人都是感情動物，有自尊，顧客也是人，自然也需要這些感情。若是冷言冷語對待顧客，即便產品品質再好，顧客也不會買帳。為了獲得顧客的信任，胡雪巖不僅要求店員嚴格保證藥品的品質，而且還要時刻向顧客提供優質的服務。他說：「冷語傷客六月寒，微笑迎賓數九暖。如果對顧客不理不睬，甚至惡聲惡氣，即使商店再好，門面再漂亮，也會使人望而卻步。」

胡慶餘堂開張時，胡雪巖已是大富大貴了，但胡慶餘堂從不以勢壓人，也沒有當時盛行的店大欺客的陋習，而是把「熱情待客，周到服務」作為店規。在胡慶餘堂，學徒剛進店，就要學習如何接待顧客。店規規定：只要有顧客走進店裡，店員就要馬上站起來招呼，決不能以背對著顧客；對顧客提出的任何需求，都不能輕易地回絕，必須熱情為顧客服務，直到使顧客滿意為止。

為了營造一個能讓顧客滿意的服務環境，胡雪巖還時常以身作則，親自上陣為顧客服務。一次，一位湖州香客在胡慶餘堂買了一盒胡雪巖避瘟丸，打開一看，立即面有怒色。胡雪巖覺察到此人臉色的不滿，還沒等他開口，就馬上走上前去察看，一看藥品的確有欠缺之處，一再道歉之後，讓店員更換新藥。不巧的是，這種藥品剛剛賣完，胡雪巖考慮到客人遠道而來，就留他住下來，並向他保證在三天之內一定會把新藥趕製出來。

三天以後，果然趕製出了藥品，胡雪巖恭敬地交到客人手裡。這個人被胡雪巖的認真態度感動了，從此以後，他逢人便說胡慶餘堂的服務態度天下一流，無人可比，胡雪巖待人更是以仁義為本，不欺不瞞，這位香客成了胡慶餘堂的活廣告。

胡雪巖之所以提出「熱情待客，周到服務」的店規，是由於他有「顧客乃養命之源」的思想。他認為，商號的興衰，全都要靠顧客，唯有得到顧客的信任，才有店鋪的興盛與發展。他要求店員必須把顧客當做活命之源、衣食父母來尊敬。早在一百多年前，胡雪巖就能提出這樣的觀點，足見其遠見和卓識。

為了實施「顧客乃養命之源」的宗旨，胡慶餘堂還專門設立顧客休息場所；在流行病多發的暑熱天，免費供應清涼解熱的中草藥湯和各種痧藥；每逢初一、十五，大批百姓趕廟燒香，湧入杭州城的時候，又將藥品降價出售；遇急診病人時，即使是隆冬寒夜也接待不誤。

比如，在氣管炎、支氣管炎、哮喘病高發期的冬天，半夜三更常有病人敲門求藥。

值夜藥工必須嚴格遵守胡慶餘堂為急症病人現熬鮮竹瀝的規定，劈開新鮮的淡竹，在炭爐上文火烘烤，待竹瀝慢慢滲出，再用草紙濾過，當場讓病人喝下。熬一劑竹瀝湯一般需花兩個鐘頭，病人一飲，所需時間就更長了，但藥工總是急人所難，耐心細緻地做好服務工作。

胡雪巖的做法，不僅使顧客對胡慶餘堂充滿信任，而且在顧客的心目中樹起一塊明亮的金字招牌，為自己招來滾滾財源。

顧客買東西的時候，他們買的不僅是物品，還期望得到商家熱情而周到的服務。可以說，服務是一種增值的產品，商家能夠提供什麼樣的服務，是顧客衡量其信譽好壞的一個重要尺度。

誘字訣：給人甜頭打動人心

胡雪巖能看到別人看不到的問題，
抓住別人抓不住的機會，
辦成別人辦不好的事情，
賺到別人賺不到的錢。

商人做生意為求利是天經地義的事，
誰能賺得到更多的金錢，
求得更大的利益，誰就是英雄。

守、摸、交、創、變、打、快、破、面、勢、佈、跳、誠、誘、
挺、信、生、攬、研、藏、送、留、情、險、善

做生意要學會替對方著想

胡雪巖人情練達，處事周到，善於察言觀色，更擅長揣摩對方心理，因而與人交往中不僅能禮數周到足以滿足對方的心理需要，更以從物質上滿足對方的需要為其根本。用人先要解除人的後顧之憂。胡雪巖做生意捨得出大價錢，對於自己看上的人或是東西，他都能出大手筆以利誘之。

對於這一點，胡雪巖很得意，也很自負。從他陸陸續續所用過的人來看，基本上是特點鮮明，能上檯面，有所作為的，對於形成這番乾嘉年間揚州鹽商全盛時期都及不上的局面發揮了很大作用。他能識人，更能用人，也有一套自己的選人觀、用人觀。

他培養的第一個副手是阜康錢莊的第一任店務總管劉慶生。

依靠王有齡在浙江海運局的勢力，胡雪巖的生意做得頗為順當，資本也累積了不少。憑他在錢莊當了十多年夥計的經驗，胡雪巖駕輕就熟，開設了一個屬於自己的錢莊，這個主意得到了王有齡的贊同。

胡雪巖要開設自己錢莊的消息一透露出去，他過去錢莊的老朋友都極力踴躍地向他推薦一些有能力、有經驗的總管。很快人員幾近配齊，就差一個能夠獨當一面的店務總管。胡雪巖知道這一職位的人至關重要，其關係重大，寧缺勿濫。這時，永豐錢莊的總管張胖子給胡雪巖推薦了一個名叫劉慶生的人選，說此人非常能幹。

這畢竟關係到錢莊未來的發展，胡雪巖當然不會隨便聽信旁人之言，他要親自考察一下劉慶生。

某一天，胡雪巖也不說什麼原因，就叫人把劉慶生請來，一坐下來他就莫名其妙地東拉西扯，空話說了近一個時辰。他見劉慶生坐在那兒不愠不火，心中暗自稱好。因為有忍耐力、性格溫和，不急不躁，才能在生意往來中做好人際關係，遇事才能深思熟慮。對於錢莊的店務總管，這方面的要求尤為必要。劉慶生在這一關上，算是過了。

緊接著胡雪巖想測試一下劉慶生對錢莊業務的熟悉程度。胡雪巖自己就是錢莊方面的好手，於是信手拈來幾個錢行中比較棘手的問題來作為考題。劉慶生也不示弱，問題回答得有條不紊。當胡雪巖問及錢莊同行時，貌不驚人的劉慶生把杭州全城四十幾家大小同行的牌號，一口氣背了出來，這足以顯示他對錢莊業的熟悉程度，胡雪巖對此甚是滿意。

屬於專業性的考查完了，只要覺得此人理想，準備收用，必細叩問家中情況，把全家開銷全部包算。「我送你二百兩銀子一年，年底另有花紅。」

胡雪巖在這一點上十分細心。人，是塊材料，我用定了，可能抓起差來不要命，「當然，你家裡我會照應，天大的難處，都在我身上辦妥。凡是我派出去辦事的人，說句文緺緺的話：絕無後顧之憂。」

《慎節齋文存》胡光墉篇雲：「又知人善任，所用號友，皆少年明幹精於會計者。每得一人，必詢其家衣食若干，需用幾何，先以一歲度支畀之，俾無內顧憂。以是人莫不為之盡力。」

在胡雪巖的時代，儒家傳統和佛教輪回觀念在民間以一種強烈的信念形式絕對地影響著每一個人。知報的觀念本來就根深蒂固。師傅打你罵你教訓你，尚要知師德、報師恩，師父如果像胡雪巖這樣把你手扶持起來，居然還會有不知好歹的言行的話，單是社會輿論就足以讓你抬不起頭來。

能夠體會到這一點的話，我們對胡雪巖用人的這一特點，只會看重其實際影響，就不會把它看輕了。

況且，衣食父母，父母生身，提供衣食者養身，後者不亞於父母的生身之恩。胡雪巖「所用號友，皆少年明幹精於會計者」。就是說，都是夥計出身，從底層提拔上來的。在中國封建社會，只要稍有恆產，就不會捨農、捨士地位而就工、就商。即便是家中只有三畝薄田，做父母的也會勤苦耕作，想辦法供孩子入塾讀書，以圓了他們「朝為田捨郎，暮登天子堂」的夙夢。像胡雪巖這種剛開蒙幾天便不得不去當學徒的，定是連三畝薄田也保不住的。徽州多商，本就是地瘠田少逼出來的。

這樣的一批人在外邊混，飯碗端的是別人的，一不小心就會摔破，深體「衣食父母」份量之重，因而對賜予生路的人，保存的只是人格表層上的平等關係，只要表層不受大傷害，內心總是充滿感激。

做事總要為人著想，這一直是胡雪巖用人的高明之處。

清政府的日常開支及軍餉多靠富庶的江、浙支撐。江、浙每年徵收的糧食主要靠漕幫經運河送至北京。但由於運河年久失修，加之乾旱，運河沿路關卡甚多，漕運不暢，因而浙江的糧食運不出，朝廷催促甚嚴。剛當上浙江海運局「坐辦」的王有齡急得團團轉，剛當上官的那分春風得意也變為千斤擔子壓在了身上：漕糧運出困難，即使運出也還是誤期，難免上司斥責，還會使明年的漕糧相應推遲。胡雪巖一個妙招將他的焦慮化為烏有：改海運，直接到上海買糧，轉海運進京。這樣就免去了漕運中的一系列困難和麻煩，速度要快得多。

然而，這也有許多工作要做：首先要錢莊肯墊錢，在上海買米需要十萬兩白銀。其次還要有糧商肯賣糧。肯墊錢的錢莊是信和錢莊，由於胡雪巖善於誘之以利（許下今後海運局錢款往來只找信和錢莊的諾言），且以海運局作保，因而信和錢莊勇於冒這個險。倒是兼做糧商的松江漕幫尤五頗為躊躇：松江漕幫在上海的通裕米行雖有糧可墊，但松江漕幫本身由於這幾年來朝廷上下層層盤剝，自身並不景氣，原本打算以這批糧食脫貨求現以解幫內燃眉之急。而且，由於太平天國已起，南方兵荒馬亂，北方震動驚惶，糧食本已緊張；加之不久即是青黃不接之際，糧價眼看要上漲，因而對這件賣糧之事不能不盤算自己的利害得失。

在酒席上胡雪巖已看出松江漕幫尤五的心事，因而替對方著想，要對方說出自己的難處。得知對方的難處之後，胡雪巖也不是撒手不管，而是又主動說和，請信和錢莊放一筆款子給漕幫，將來賣掉了米再還。由於胡雪巖此前已將信和錢莊的張胖子收服，因而張胖子不假思索就爽快答應了貸款的條件。也許是事情太容易了讓人不敢相信，張胖子的爽快，反使尤五心生疑慮。這時張胖子顯出自己的精明，說出自己勇於冒險墊錢的原因：

第一是松江漕幫的信用。

第二是浙江海運局的招牌（即擔保）。

第三是米還在那裡，因而不怕錢莊受損。

尤五這才一塊石頭落地，雙方、三方皆有利可圖的一筆大生意，就此談成。

胡雪巖剛一出道，就顯示出自己的不同凡響，他人情練達，處事周到，善於察言觀色，更擅長揣摩對方心理，因而與人交往中不僅能禮節周到足以滿足對方的心理需要，更以從物質上滿足對方的需要為其根本。

「做事總要為人著想」是胡雪巖待人接物的原則，也是他招攬人才，使跟著他做事的人都能心甘情願為他拼命的「秘訣」之一。「做事總要為人著想」，也就是角色位置的調換，站在別人的立場上，設身處地，從而對對方的利害得失與困難有較為切身的體會，這樣利於自己的決策，並做適時的調整，有利於自己的決策便於對方接受，使自己的決策不至於在運作中有悖於對方利益而遭到拒絕。

更重要的是，能為別人著想，而且使別人實實在在地知道自己也確實肯為別人著想，也善於為別人著想，這會使對方一下子就知道你的情分，知道跟著你做事決不會吃虧，他也就心悅誠服地被你拉住了，這個時候，即使在實際物質利益上稍有缺欠，他也不會在乎，照樣實心實意為你做事。

捨不得金彈子打不著金鳳凰

打工也好，合作也好，只要跟胡雪巖沾上邊，他一般不會讓你吃虧。胡雪巖眼光長遠，從不在乎眼前的一點小利，而這點「小利」，對很多人來說就是一個極大的誘惑。

胡雪巖收服人心的方法，除了以誠相待、信則不疑、用之不拘之外，一個很重要的手段就是以財「買」才、以財「攬」才。

生活中我們常常看到有些商人，在開闢一項新的業務，或做一項新的投資時，可以毫不猶豫地拿出大把的錢來，但在延攬人才上卻做不到如胡雪巖一樣的慷慨大方。這倒並不是完全因為這些人真的是吝嗇，而是因為他們也有自己看似合理的想法，比如他們認為人心並不是金錢所能買到的，與員工之間的交往，只要待之以誠即可，不必在乎付酬的多少；再比如他們認為員工報酬多寡應當以經營效益的好壞來定，所謂個人收益與經營效益掛勾，效益好員工可以多得，效益不好員工自然不該多得。

這些想法不能說沒有道理，實際運作中也確實會有收效。但往深處看，這其中卻隱藏著極大的留不住人才的危機。要延攬人才、收服人心，待之以誠當然是必須的，但如何顯示自己的誠意卻大有文章可做。生意場上有自己特殊的價值標準和交往原則，不能簡單地用日常生活中的人際交往方式照套，這是一個常識。用人於商場搏戰就是用人給自己賺錢，別人可替你賺更多的錢你卻不肯付以重酬，你的誠意又何以顯示？而以經營效益為付酬多寡的依據，則更是一種不能待人以誠的做法。因為：

第一，以效益好壞為付酬多寡的依據，實質上是以自己所得的多寡來決定別人所得的多寡，這本身就給人一種你僅僅以自己利益為出發點的印象，難以待人以誠。

第二，經營效益的好壞，原因可能是多方面的，如市場的好壞以及你作為老闆決策的正確與否，都將是影響經營的直接原因。因此，以效益為付酬依據，不可避免地會將由不為人力所左右的客觀因素或自己決策失誤造成的損失轉嫁到員工身上，這也就更是無論如何不能被看做是待人以誠了。

胡雪巖招攬人才就從來是不惜出以重金，在他看來，以財攬才就如將錢買貨，貨好價必高，值得重金攬得的人也必是忠心而得力的人。他說用人和買物一樣，「一分錢，一分貨」，話是糙點但理卻不糙。同時，胡雪巖也從不以自己生意的賺賠來決定給自己手下人報酬的多寡，無論賺賠，即使自己所剩無幾甚至吃「呆帳」，該付出的也絕對是一分不少。

例如他的第一筆絲生意做成之後，結算下來，該打點的打點出去，該分出的「花紅」分出去之後，不僅自己為籌辦錢莊所借款項無法還清，甚至還留下了新債務，就他自己來說，等於是白忙了一場。但該給自己的幫手或合作夥伴古應春、郁四、尤五等的「花紅」，仍是爽快付出，沒有半點猶豫。胡雪巖在生意場上有極響亮夠交情的名聲，無論黑道、白道都把他看作是做事漂亮的場面人物，願意幫他做事或與他合作，這與他的不惜重金禮聘、以財攬才是分不開的。

而且，更可貴的，胡雪巖在對人的問題上從來不吝惜錢財，顯示出他對人的一種真正的尊重。比如前述的胡雪巖的胡慶餘堂設有「陽俸」、「陰俸」兩種規矩。「陽俸」，類似我們今天的所謂退休金。胡慶餘堂上自「阿大」（藥店總管）、總管，下到採買、藥工以及站櫃臺的夥計，只要不是中途辭職或者被辭退，年老體弱無法繼續工作之後，仍由胡慶餘堂發放原薪，直至去世。而所謂「陰俸」，則是胡慶餘堂的員工去世以後給他們家屬的撫恤金。這當然是針對那些為胡慶餘堂的生意發展作出過很大貢獻的員工。胡雪巖規定，這一部分員工去世以後，他們在世時的薪金，以折扣的方式繼續發放給他們的家屬，直至這些家屬們有能力維持與該員工在世時相同的生活水準為止。如此優厚的待遇，胡雪巖的這些規矩，對於那些員工們的影響，也就不問可知了。

我們通常說「捨不得金彈子打不得金鳳凰」。對於留住人才來說，這就是誘字訣的真道理。

挺字訣：

挺起脊樑自能頂天立地

胡雪巖能看到別人看不到的問題，
抓住別人抓不住的機會，
辦成別人辦不好的事情，
賺到別人賺不到的錢。

商人做生意為求利是天經地義的事，
誰能賺得到更多的金錢，
求得更大的利益，誰就是英雄。

守、摸、交、創、變、打、快、破、面、勢、佈、跳、誠、誘、
挺、信、生、攬、研、藏、送、留、情、險、善

輸得起的才是真英雄

生意場上，沒有人敢說自己可以永遠立於不敗之地，也沒有一個人可以永遠立於不敗之地。從根本上說，做生意，成功的把握總是相對的，而失敗的可能卻是絕對的。沒有生意人願意「失敗」，但又沒有一個生意人能避開此問題。那麼，當事情到來的時候，胡雪巖又是如何應對的呢？

胡雪巖生意的資金鏈出現斷裂，但屋漏偏遭連夜雨，正當胡雪巖盡力支撐場面，想要保住杭州阜康信譽，以圖再戰的時候，又傳來寧波通裕、通泉兩家錢莊同時倒閉的消息。

通裕、通泉兩家錢莊，是阜康錢莊在寧波的兩家聯號。上海阜康錢莊總號擠兌風潮開始之後，胡雪巖錢莊生意的主管宓本常潛至寧波，本來是要向這兩家阜康聯號籌集現銀以解燃眉的。但由於寧波市面也受時局影響很大，頗為蕭條，這兩家錢莊不僅無法接濟阜康，甚至已經自身不保。宓本常到寧波不久，通泉總管就不知避匿何處，通裕總管則自請封閉，因此，寧波海關監督候補道瑞慶即命寧波知縣查封通裕，同時給現任浙江藩台德馨發來電報，告知寧波通裕、通泉兩家錢莊已經倒閉，並請轉告這兩家錢莊在杭州的東主，急速到寧波協助清理。

既是阜康聯號，東主當然就是胡雪巖。德馨接到電報，以他與胡雪巖的關係，他不願意就此撒手不管。而是讓自己的姨太太蓮珠向胡雪巖轉達通裕、通泉的情況，並許以如果這兩家錢莊有二十萬兩可以維持住的話，他可以出面請寧波海關代墊，由浙江藩庫歸還。但當蓮珠如此轉告胡雪巖的時候，胡雪巖卻不肯接受這個辦法。他請蓮珠告訴德馨，他肯為自己墊付二十萬兩維持那兩家錢莊，他非常感激，但這只是頭痛醫頭、腳痛醫腳，最終結果不過徒然連累德馨，因此，並不是一個好辦法。在目前情況下，維持通裕、通泉，不過是在彌補已經裂開了的面子，怕只怕這裡補了，那裡又裂開了。胡雪巖決定放棄維持通裕、通泉這些已經是可維持又難以維持的商號，而投入全部力量保證目前還可以正常營運的杭州阜康錢莊，也就是竭盡全力「保住還沒有裂開的地方」。

用現代經營眼光看，先保住還沒有裂開而可能保住的地方，這其實就是一種收縮戰線，全力圖存，以求再戰的戰術。在面臨全面崩潰且破綻已現的情況下，考慮及時收縮戰線，集中財力保住可能保住的部分，對於暫求生存是十分必要的，也是十分有效的。

第一，它可以避免力量過於分散，在本來已經財力有限的情況下，最忌諱的就是力量分散，因為這樣會極大地削弱本來有限的財力物力的效能。

第二，避免四面支絀。在已經面臨全面崩潰的情況下，要想保住自己所有的生意，事實上是做不到的，因此，最忌諱的也就是頭痛醫頭、腳痛醫腳的四面支絀。四面支絀，將會四面不保。

第三，這種策略也符合危機到來之後挽救敗局的最基本的目的。

在面臨全面崩潰的時候，最基本的目的應該是圖存而不是發展，應該是盡可能保住一個敗而不倒的基礎，以圖再戰。只在丟棄那些已經明顯無救或救之極難而又於全局補益不大的部分，才有可能保住較好的部分，達到以圖再戰的目的。

但胡雪巖終於回天無術，一敗塗地，所有的卓犖輝煌，所有的榮華富貴，似乎在一夜之間都化為了一絲過眼煙雲，隨風飄散。

不過，胡雪巖也真算得上是一條贏得起也輸得起的漢子。他沒有為自己匿產私藏，輸得光明磊落。他本來是可以，也有條件為自己私匿一些錢財的。想想他幾十年馳騁商場，創下偌大家業，僅二十家典當就值二百萬兩，「百足之蟲，死而不僵」，不說現銀，就是家中收藏的首飾珠寶，私藏幾許，大約也可以讓他在生意倒閉之後維持相當闊綽的生活。說他有條件這樣，是因為即使在他的錢莊、絲行全面倒閉之後，由於有左宗棠的轉圜斡旋，他只是被革去二品頂戴，責成清理，而並沒有最後查抄。而且，螺螄太太、烏先生也都提出過如此建議，但他沒有接受他們的建議，只是為了滿足螺螄太太不認輸的心性，才勉強同意為她轉移出一些女眷的私房，即使這一點，他也沒能做到——「一切都是命。」他認命了。這不能不讓人感佩。

在自身已經不保的情況下，他也沒有失去寬以對人的心懷。宓本常在阜康無救之後自殺身亡，在胡雪巖看來實在是「犯不著」——這時候他其實已經原諒了他的過失和不義。他特別囑咐古應春料理宓本常的後事，雖然宓本常確實不厚道，但朋友一場，他的後事也不能不管。

身處絕境，他還能為別人著想。夜訪周少棠，回來由自己身上的寒意想到今年的施棉衣、施粥應該照常；他並不怕官府查抄，因為公款有典當作抵，可以慢慢還，他可以不管，只是沒有清理之前，私人的存款不知只能打幾折償還，用他自己的話說：「一想到這一層，肩膀上就像有千斤重擔，壓得喘不過氣來。」由此也使人想到，胡雪巖常常掛在口頭上的那句「不能不為別人著想」的話，確實並不是生意人的冠冕之辭。其實，胡雪巖夏天施茶、施藥，冬天施棉衣、施粥，另外還施棺材，辦育嬰堂，甚至都不是因為所謂「為善最樂」，他只是覺得發了財就應該做好事，就好比每天吃飯，例行公事，應該的，也就無所謂樂不樂了。

一個舊時代的商人，一個自稱只知道「銅錢眼裡翻跟斗」的商人，能夠在徹底輸光的時候，如此灑脫地「認」了，實在是相當不錯了。

商場上沒有常勝將軍不倒翁。任何一個馳騁商場的人，都要做好輸的心理準備，都要有贏得起也輸得起的心性。只是贏得起還不能算是漢子，只有輸得起——輸得灑脫，輸得志氣，才是真正的漢子；只有能夠抱定「以前種種，譬如昨日死；以後種種，譬如今日生」的宗旨，且能參透個中玄機，輸了還能站得住，才能成為真正的漢子。

一個生意人要輸得起，最重要的，大約還是要對於「錢財身外物」這句老話，有真正屬於自己的體驗。說起來，所謂「錢財身外物，生不帶來，死不帶去」，這幾句話人人會說，也人人都懂。但事實上當人真正面對錢財得失時，要能真正灑脫地將錢財看成是身外之物，又談何容易！

寵辱之間沈得住氣

「氣，乃神也；氣定，則心定，心定則事圓。」《老子》中的這句話道出了一個人沈得住氣在事業中的重要作用。因為能沈得住氣，遇事才能挺得住，抗得過。

明代的呂坤在《呻吟語》中描述了「沈住氣」的表現：「在遭遇患難的時候，內心卻居於安樂；在地位貧賤的時候，內心卻居於高貴；在受冤屈而不得伸的時候，內心卻居於廣大寬敞之處，就會無所不泰然處之。把康莊大道視為山谷深淵，把強壯健康視為疾病纏身，把平安無事視為不測之禍，那麼你在哪裡都不會不安穩。」呂坤說的三個「在」，才是「沈住氣」的真正態度。一個人如果能達到了這種「沈住氣」的境界，無論他遭遇何事都能夠泰然處之而不亂。

但在現實生活中，人有時候很容易沈不住氣，當危機出現的時候就更容易沈不住氣，事情太順了，也容易沈不住氣。比如王有齡，進京捐官成功，由於有何桂清的推薦，回到杭州很快就得到了海運局坐辦的實缺，而在胡雪巖的全力幫助下，涉及王有齡自己以及整個杭州官場人物前途的漕米解運的麻煩，也一舉圓滿解決。這個時候又恰逢湖州知府出缺。湖州為有名的生絲產地，豐饒富庶，是一個令許多人垂涎的地方。王有齡由於漕米解運的事，已經在杭州得了能員之稱，這使他一下子又得了湖州知府的肥差。不僅如此，他還同時得到了兼領浙江海運局坐辦的許可。一切如意，他實在是太順利了。

如此順利，連王有齡都有點不相信自己的運氣會如此之好，他對胡雪巖說：「一年工夫不到，實在想不到有今日之下的局面。福者禍所倚，我心裡反倒有些嘀咕了。」還是胡雪巖大氣得多。他對王有齡說：「千萬要沈住氣。今日之果，昨日之因，莫想過去，只看將來。今日之下如何，不要去管它，你只想著我今天做了些什麼，該做些什麼就是了。」

胡雪巖的這番話，不外乎是說人要不為寵辱得失所動，不要過多地去想自己面對的得失，而應該把眼光往遠處看，更注重該做必做的事情。這番話雖然是具體針對王有齡的沈不住氣而說的，但卻也實在說出了一番應對人事的大道理。人確實要有這種不為寵辱所動，不被得失所拘的大氣。一時的得失榮辱雖並不能都輕輕鬆鬆地全看做過眼煙雲，但比較而言，一時的榮辱得失無論如何也比不上該做必做的事情重要。人總是要往前走的。只有做好當下該做必做的事情，才是往前走。再說，一時的榮辱得失，其所得所有，必有它該得該有的緣由。俗話說，沒有無由的福祉，也沒有無由的災禍，所謂「今日之果，昨日之因」，即如王有齡的「運氣」，其實也是他與胡雪巖的一系列努力「做」出來的。從這一角度看，也就沒有必要去為這得或失去犯「嘀咕」了。

在生意場上，要「沈住氣」，還表現在能夠遇事不驚。遇事不驚，必凌於事情之上；達觀權變，當安守於糊塗之中泰然處之。不泰然處之不能息弭事端，只能生事、滋事、擾事、鬧事；不泰然處之不能力挽狂瀾，只能被捲入漩渦之中，拋於險浪之巔。

遇事不驚，要做到獨自一人時，超然物外的樣子；與人相處時，和藹可掬的樣子；無所事事時，語默澄靜的樣子；處理事務時，雷厲風行的樣子；得意時，淡然坦蕩的樣子，失意時，泰然若素的樣子。

胡雪巖就是一個遇事不驚很能沈得住氣的人。阜康擠兌風潮波及杭州，在杭州主事的螺螄太太本來是一個很有主見也很能幹的人，但她也被突如其來的災難「震」得不知所措了。就在這時，胡雪巖回到杭州。他來到錢莊的時候，正遇店裡開飯，他居然還有一份「閒情逸致」去看夥計們的飯桌。見夥計們的飯桌上只有幾個平常的菜，他居然還有心思囑咐錢莊「大夥」謝雲清，說是天氣冷了，該用火鍋了。他要謝雲清把冬至以後才用火鍋的規矩改一改，照外國人的辦法，以氣溫的變化做標準，冬天寒暑表多少度吃火鍋，夏天寒暑表多少度吃西瓜。雖然這種關心店員生活的情形以前也有，但在面臨破產倒閉的關頭還能如此沈得住氣，連那些夥計們都感到十分驚異。

胡雪巖能夠如此沈得住氣，就在於他能夠將得失心丟開的大氣。他知道事業不是他一人創下的，出現現在的局面，當然也不是他一個人的過失，今日之果得自昨日之因，這個時候陷於得失之中不能自拔，不僅於事無補，甚至更加壞事，他告訴自己，不必怨任何人，甚至連自己都不必怨，只想現在該做什麼，怎麼做，這才是至關重要的。

事實上，他由自己沈得住氣而來的冷靜，使他在危機到來的時候採取的措施手段，大體都還是有效的，比如他那使夥計們驚異的「看飯桌」，對於穩定人心就發揮了很好的作用。只是客觀情勢已經不允許他能夠起死回生，再好的手段也只能維持一時，而無法從根本上解決問題了。

在商言商，生意人當然不能不計得失。但許多時候，特別是危機出現的時候，生意人又確實比任何人都需要將得失拋開，因為只有這樣，才能真正沈得住氣。如果為眼前得失所拘，甚至斤斤計較於得失不能自拔，就很可能被眼前得失所惑而陷於一種迷亂之中，對於眼前該做、必做的事情都看不清了。

胡雪巖崇尚：
「有錢大家一起賺」
「不搶同行的飯碗」
「吃虧就是佔便宜」
「先做朋友後做生意」

他以誠待人，以信交友，
使自己的名字成為信譽的代名詞，
成為一塊縱橫商海的「金字招牌」。

信字訣：

信守人無信不立的大道理

胡雪巖能看到別人看不到的問題，
抓住別人抓不住的機會，
辦成別人辦不好的事情，
賺到別人賺不到的錢。

商人做生意為求利是天經地義的事，誰能賺得到更多的金錢，求得更大的利益，誰就是英雄。

守、摸、交、創、變、打、快、破、面、勢、佈、跳、誠、誘、挺、信、生、攬、研、藏、送、留、情、險、善

信用的事比命大

過日子、做生意、交朋友，都會遇到一個信用的問題。正常情況下，一般人大致都可以履行自己的責任或承諾。真正考驗一個人是否真的講信用，是要在遇到特殊情況的時候，在踐諾需要付出更高的成本的時候。

胡雪巖在上海購買洋槍，需要松江漕幫協助運到浙江地面。可是人到松江，卻發現麻煩極大。松江漕幫要人魏老頭子的舊好俞武成，已經和太平軍方面的賴漢英接上關係，一切佈置妥當，只等這批軍火從海上起運，一入內河，就動手劫取。魏老頭子也答應到時有所照應。胡雪巖一來拜訪兩面朋友，才知大水沖了龍王廟，情勢十分尷尬。胡雪巖見此光景，頗為不安，心裡也在打算：如果俞武成不是他的「同參弟兄」，事情就好辦。若是這批軍火，不是落到太平軍手裡，事情也好辦。此刻既是投鼠忌器，又不能輕易鬆手，搞成了軟硬都難著力的局面，連他都覺得一時難有善策。

松江魏老頭子決定斷了與俞武成的交情，幫助胡雪巖度過這一難關，阻止俞武成動手。到了這種毀約反目的關口，雖事出無奈，卻也無可挽回了。胡雪巖卻「靈光一閃」，要把這一刀下去就會攔腰截斷的老交情擺平了，撫圓了，繼續維繫下去，彼此誰也不傷和氣。

胡雪巖的如意妙計，便是搬出俞武成六十歲的老娘俞三婆婆，讓她硬壓俞武成撤手讓步。這也是無奈中的一招，若能說動俞三婆婆出面干預，俞武成就不敢不依。這麼一做，也就不至於使魏老頭子過於為難。

然而，那俞三婆婆卻是個厲害角色。她在胡雪巖面前裝聾作啞，不想幫胡雪巖這個忙。

因此，胡雪巖越發不敢大意，要言不煩地敘明來意，一方面表示不願使松江漕幫為難，開脫了魏老頭子的窘境，一方面又表示不願請兵護運，怕跟俞武成發生衝突，傷了江湖的義氣。

這番話真如俗語所說「綿裡針」，表面極軟，骨子裡大有講究。俞三婆婆到底老於江湖，熟悉世面，聽胡雪巖說到「不願請兵護運」這句話，暗地裡實為吃驚。話裡就等於指責俞武成搶劫軍械，這是比強盜還重的罪名，認起真來，滅門有餘。

面對如此利害關係，俞三婆婆裝出氣得不得了的樣子，回頭拄一拄拐杖，厲聲吩咐俞少武趕快多派人把他那糊塗兒子找回來！

不管她是否真的動氣，來客都大感不安，胡雪巖急忙相勸，說這件事怪不得俞大哥！他們也是道聽塗說，事情還不知道真假，俞大哥不至於敵友不分。他們的來意，是想請三婆婆做主，仰仗俞大哥的威名，一保平安。

聽得這麼一說，俞三婆婆的臉色和緩了，說此事武成理當效勞。然而，事情並不是那麼簡單。俞武成客居異地，手下的兄弟都不在，雖然出頭來主持，無非因人成事。上山容易下山難，這不是憑一句話就可以擺平的。

事情相當麻煩，俞武成為本幫兄弟的生計考慮，急於謀個出路，以致身不由己，受到挾制勢若騎虎。蘿蔔只有吃一節剝一節的，好在最難的一節——和俞武成拉近關係——已經安然走過，已經不慮騎虎的人策虎來追了。胡雪巖接下來要做的就是如何讓騎虎的人安然下了虎背。憑胡雪巖的腦筋、實力和關係，這一點倒不算太難：伏虎，讓惡虎歸順了，一切都迎刃而解。

伏虎無非就是收降。計策似乎無甚高明，仔細想來，也足見胡雪巖的眼光深遠。他從一個商人的角度通盤考慮形勢，深信太平軍只是一時肆虐，於情勢，於力量，都不大可能長久。所以胡雪巖在商業上的總原則是幫官軍打太平軍，天下早一日安寧，商業早一日昌盛。這批軍火本來也是在此原則下著手去做的，遇到了麻煩，也正好可以順著這個思路去考慮解決的辦法。

可真是一竅通而百竅通了。胡雪巖很快和俞武成及其他謀劃劫持軍械的江湖頭目達成了協定。由胡雪巖報請官府，發給這批人三個月糧餉，保證不誘降（不先降後殺），事成後編隊移地駐防。胡雪巖還自己先拿出一萬兩銀子來補潤。

既然生路有了，誰又何苦硬往死路上走？胡雪巖以一個信字解開了一個看似不可能解的結。

自信方能自強

我們說人無信不立，這裡信既是指信用，也是指自信。實際上自信正是守信用的前提。不管在什麼情況下，只有高度自信的人才能做到自強自立。

在胡雪巖看來，古往今來，凡是想成大事、能成大事者，都有大自信，所謂「當今之世，捨我其誰」，所謂「天生我材必有用」，……這些名言所展示的都是有大成就者的豪邁胸懷。

胡雪巖有句名言：「立志在我，成事在人。」這跟帶有宿命論色彩的「謀事在人，成事在天」有本質上的差別，一個成功的商人必然有「立志在我，成事在人」的大自信。胡雪巖正是具備了這種非凡的自信。

胡雪巖創辦阜康錢莊，從外部環境來說，當時由於太平天國的起義，國家正處於戰亂之中，而且太平天國活動的主要區域，也正是長江中下游地區的東南一帶。而當時國內的金融業主要還是山西「票號」天下，在東南地區後起的寧紹幫、鎮江幫經營的錢莊業，無論業務經營範圍，還是在商界的影響，都遠遜於山西票號。

從自身條件看，胡雪巖此時除了在錢莊學徒的經驗外，實際上是一無所有。但他踏入商界之初第一件為自己考慮的事情就是創辦自己的錢莊─即使此時還是兩手空空，也要熱熱鬧鬧先把招牌打出去。此時的胡雪巖所憑藉的也就是他的那份大自信。他相信就憑自己錢莊學徒的經驗，憑自己對於世事人情的瞭解，憑自己精到的眼光和過人的手腕，當然也憑藉已入官場可做靠山的王有齡的幫助，他足以支撐起一個第一流的，可以與山西票號分庭抗禮的錢莊。就憑著這股自信，他的阜康錢莊說辦就辦起來了。

再比如在他的生意面臨全面倒閉的最危急的時刻，他也決不肯做坑害客戶隱匿私產的事情。他相信自己雖敗不倒。胡雪巖曾經豪邁地說過：「我是一雙空手起來的，到頭來仍舊一雙空手，不輸啥！不僅不輸，吃過、用過、闊過，都是利潤。只要我不死，我照樣一雙空手再翻過來。」這更是一種能成大事者的大自信！

胡雪巖相信這樣一句常言：自信方能自強。能自信，才能有知難而進的鬥士勇氣，才能有臨淵不驚、臨危不懼的英雄本色。說到底，一個人的自信心，實際上是他能為某個高遠的人生目標發憤忘食、奮力拼搏的內在支撐。我們可以做一個假設，如果胡雪巖當初沒有我們已經看到的那份自信，他也許根本就不會想到自己也能開錢莊，那他哪裡還會有後來的巨大的成功呢？又怎能成為名震天下的「紅頂商人」呢？

胡雪巖能看到別人看不到的問題，
抓住別人抓不住的機會，
辦成別人辦不好的事情，
賺到別人賺不到的錢。

商人做生意為求利是天經地義的事，
誰能賺得到更多的金錢，
求得更大的利益，誰就是英雄。

生字訣：

找到把死生意做活的竅門

守、摸、交、創、變、打、快、破、面、勢、佈、跳、誠、誘、
挺、信、生、攬、研、藏、送、留、情、險、善

腦子活絡生意就有活路

所謂活絡就是善變。胡雪巖有一句至理名言：「天變了，人應變。」「天」即指時勢時局之意。「天變了，人應變」，其意是指時勢時局變化了，人也應該做出與之相應的改變與調整以順應時勢與時局。

為自己開拓財源，要有精明的生意人的眼光，要能看得準，看得遠，同時還要眼界開闊，頭腦靈活。所謂眼界開闊，頭腦靈活，簡單地說，就是不要死守住一個自己熟悉的行業，而要善於在其他行業中發現自己可以開發的財源，說到底，也就是要常常想著去不斷地尋找新的投資方向，不斷地擴大自己的投資經營範圍。一個生意人如果只能看到自己正在經營的熟悉的行業，最終只會是抱殘守缺，連正在經營的行業都不一定經營得好，更不用說為自己廣開財源了。

因此，做生意一定要做得活絡。

做生意要活絡，應該有兩層意思，一是不要死守一方天地，要能根據具體情況做出靈活反應，二是反應要迅速，想到了就立即著手去做，不要放過任何一個機會。

胡雪巖的生意就做得活絡，在他馳騁商場一步步走向鼎盛的過程中，他靈活機動，四下出擊，真可謂是一步一個點子，一路一趟拳腳，一動一套招式，而招招式式都能為自己點化出一條新的財路。

胡雪巖為自己的蠶絲生意和幫辦王有齡湖州官府的公事，幾下湖州，結識了湖州頗有勢力的民間要角，現正做著湖州「戶房」書辦的鬱四。胡雪巖憑著他的仗義和見識，也因為他幫助鬱四妥善處理了家事，深得鬱四敬服，為了報答胡雪巖，鬱四做主，為胡雪巖娶了寡居的芙蓉姑娘做「外室」。

芙蓉姑娘的娘家本來也是生意人，祖上開了一家很大的藥店，店號「劉敬德堂」。「劉敬德堂」傳至芙蓉姑娘父親一輩時也還有些規模，不曾想她父親十年前到四川採辦藥材，舟下三峽時，在新灘遇險船毀人亡。她的叔叔外號「劉不才」，本來就是一介紈褲，極盡揮霍還特別好賭，接下家業不到一年就無法維持，藥店連房子帶存貨都典給了別人，自己落得以告貸為生。不過這劉不才也有一項特別，就是俗話說的「瘦驢不倒架」，還有那麼一點顧及臉面的硬氣。比如自己潦倒到了極點，卻還死活不同意侄女芙蓉給人做「偏房」，芙蓉再嫁，他死活都不想認胡家這門親戚。再比如潦倒歸潦倒，但即使到了告貸無門的地步，他都不肯押出自己手上的幾張祖傳的秘方，以為只要秘方還在，「家底」就還在，心裡還想著有一天再重振家業。

胡雪巖娶了芙蓉姑娘，這位不想認他這門親戚的劉不才自然也是一個麻煩。不能不管，在一般人看來又確實是沒法管。這時胡雪巖可以有兩個選擇，一是按鬱四的想法，送劉不才一筆銀子打發了，不再與他發生任何關係，一是按芙蓉的想法，由芙蓉勸動劉不才拿出那幾張祖傳秘方，胡雪巖幫忙賣它萬把銀子，讓他自己去過活。

胡雪巖卻不這樣想。他一定要認了這門親，他要借劉不才開一家自己的藥店。這亂世當口，他憑著自己的眼光，一下子就看出藥材生意在此時將是一個相當不錯的財源。

其一，軍隊行軍打仗，轉戰奔波，一定需要防疫藥。

其二，大兵過後定有大疫，逃難的人生病之後需要救命藥。

因此只要貨真價實，創下品牌，藥店生意就不會有錯。而且，開藥店還有活人濟世行善積德的好名聲，容易得到官府的支援，在為自己賺錢的同時，還能為自己掙得好名聲，何樂不為？自己不懂這行生意不要緊，劉不才懂，只要能夠將他收服，迫使他改掉身上的毛病，就可以當起大用，而且他手上的那幾張祖傳秘方也正好可以派上用場。這些想妥之後，胡雪巖請鬱四幫忙，擺了一桌「認親」宴，就在這認親宴上便談妥了藥店開辦的地點、規模、資金等事項。

胡雪巖的「胡慶餘堂」也就這樣立了起來。在其後的幾十年中，「胡慶餘堂」成為名聞天下的老字型大小藥店，不僅成為胡雪巖的一個穩定財源，也為他掙來了「胡大善人」的好名聲，對他的其他生意也帶來了極好的影響。

一個錢莊老闆，在本業之外還要去做蠶絲生意銷「洋莊」，在做著蠶絲生意的時候又想起開藥店，胡雪巖這四面出擊，不斷為自己廣開財源的靈活，確實不能不讓人歎服。

事實上，做生意最沒出息的，大概就是死守著一方天地。一筆生意再大，也只能有一次的利潤，一個行業再賺錢，也只是一條財路。顯然，要廣開財源，死守著一方天地是絕對不行的。胡雪巖說，做生意要做得活絡，這裡的活絡，自然包括很多方面，但不死守一方，靈活出擊，而且想到就做，決不猶豫拖延，應該是這「活絡」二字的精義所在。

生意人人做，就看誰占先

在胡雪巖看來，在各方面斤斤計較，刻薄寡義，都是不能成大事的，胡雪巖之所以能把生意做到洋場，是與其慷慨大度地處世分不開的，這也正是胡雪巖的高明之處。這在胡雪巖籠絡廖化生與洋商打交道上有最明顯的表現。

冬日，杭州城天寒地凍，北風凜冽，阜康錢莊卻一片熱火情景：大廳裡一字兒排下五個火盆，熾烈的薪炭將大廳烤得暖氣融融，烏紅色的棗木大櫃前，十來名夥計忙不疊地應酬顧客，報帳聲，算盤聲，此起彼伏，熱鬧非凡。櫃檯外面，顧客如雲，摩肩擦背，喧嘩不絕。經過數年苦心經營，胡雪巖的阜康錢莊一躍而為同行之魁，銀錢往來業務超過任何一家錢莊。

此刻，胡雪巖坐在太師椅上，望著錢莊繁忙情景，自矜自得，欣慰之情溢於言表。這時，一位顧客遞給夥計一張銀票，聲言要支取現銀。夥計愣了一刻，隨即滿臉堆笑，請顧客進廳堂落座，並沏了一杯上等毛峰。胡雪巖見狀，知道這個顧客非比尋常，關切地上前詢問夥計。原來顧客要支取五萬兩現銀，因數額巨大，須到庫裡搬運，耗費時間，所以便請他入座喝茶等候。

胡雪巖善於察言觀色，見那顧客行色匆匆，風塵僕僕，料想必是遠道而來；又見他雙目明亮，眉間一股英氣，幹練通達，必是場面上混慣的人，想著，便有心試探一下他的底細，便右手端茶碗，三指並攏，大拇指翹起，做出青幫詢問的暗號：來者何人？慢踱過去。

來客見狀，很敏捷地端起茶碗，三指散開，大拇指向下，做出回答的暗號：幫中弟兄。

胡雪巖忙拱手道：「這位弟兄貴姓？」

「免貴姓高，弟兄們稱我高老三。」

排行為三，顯系幫中管理錢財的執事，胡雪巖立刻確定了他的身份，親熱地與他交談起來。原來，高老三系蘇南青幫「同福會」的管家，專司錢財往來，此次到杭州取銀子，為了一樁急事。

「銀子多了扎眼，路上也不安全，何必一次取那麼多。」胡雪巖淡淡道。

高老三道：「胡老闆說得對，但這筆錢立刻就要分給兄弟們做安家費，不會多餘剩的。」

「哦，安家費？」胡雪巖微微有些吃驚，據他所知，青幫弟兄需要流血拼命時，才發放安家費給眷屬，以使他們解除後顧之憂，甘心赴死。他又道：「同福會莫非與人結下冤仇，要開殺戒？」

「胡老闆，看在你懂幫規的分上，不妨告訴你，安福會將替太平軍護送一批軍火從上海到金陵，途中官軍重重設防，難免有衝突，所以會裡選了百多位敢死的弟兄，去完成任務。」

胡雪巖恍然大悟，青幫與太平軍聯手辦事，是常有之事，大約太平軍出價不菲，同福會才甘冒極大危險替對方護送軍火。他於是不再多話，讓高老三取了銀子，客客氣氣地送出了門外。高老三走後，胡雪巖在心裡反覆掂量著這條消息的價值。太平軍和清軍對峙多年，軍火匱乏，青幫替太平軍護送軍火，雙方都有好處，本與胡雪巖無關，但他像一條嗅覺靈敏的狗，嗅到了其中特別的氣味。太平軍在上海購軍火，必然與洋人洽商，軍火買賣向來利潤驚人，回扣不菲，這是眾所周知的事。胡雪巖十分垂涎軍火生意，苦於無處著手，如今憑空知道了這條消息，正可捷足先登，把這筆生意奪過來自己做。

想罷，事不宜遲，他立刻打轎趕往王有齡府宅。王有齡聽他述說，高興道：「真是踏破鐵鞋無覓處，得來全不費功夫，剛才撫台黃大人召見我，商議要海運局撥一筆款子購置五百條毛瑟槍，加強浙江綠營兵的裝備，我正愁差誰去經辦，你若有興趣，可應承下來。」

胡雪巖心算一下，毛瑟槍每枝五十兩銀子，五百枝需二萬五千兩銀子，回扣一分以上，起碼可獲利三千兩銀子，是一筆好買賣。當下立刻應允，並請王有齡開了一張三萬兩銀子的官票，預備到上海花費。然後收拾行裝，雇了一隻小火輪，連夜奔赴上海。或許有人會質疑胡雪巖為何這樣匆忙呢？他深知商場如戰場，稍有懈怠便坐失良機。胡雪巖算定太平軍購軍火不會很快，洋商必定討價還價，延宕時日，把太平軍逼到最後關頭，好敲一筆高價。從高老三口中，胡雪巖得知太平軍欲購五百，這批軍火數量巨大，洋商不可能有現貨，待從外國運來時，時間又過去一個月了。故而胡雪巖滿懷信心地要把這批軍火半道易手，為己所用。

不幾日，胡雪巖到了上海，求見上海青幫首領廖化生，說明來意。廖化生笑呵呵道：「生意人人做，就看誰占先，憑胡先生的才能，這筆生意非你莫屬了。」胡雪巖謙虛道：「靠我單槍匹馬，萬難成功，還望老哥鼎力相助，事成之後，老哥可分三成利潤，算是合夥生意。」

廖化生喜出望外，沒想到胡雪巖如此慷慨豪爽，道：「需要我做什麼，儘管說，自家弟兄任你差遣。」

「我對洋商所知甚少，請老哥派一位懂行的弟兄陪陪我。」

廖化生沈思片刻，說：「眼下有一位弟兄，在洋行業通司，外國話說得流利，深諳洋商底細，就叫他幫助你如何？」

胡雪巖道：「最好，最好！」

不一會兒，一位弟兄帶進一名青年，戴墨鏡，穿洋裝，著皮鞋，腦後卻拖根長辮子，顯得不中不西，不倫不類，十分滑稽。廖化生向胡雪巖做了介紹。此人名叫歐陽尚雲，在洋行工作多年，懂法語和英語，是上海洋商看重的人物。歐陽尚雲操著一口半生不熟的官話，告訴胡雪巖說：因從小就在洋行業小廝，學會了說洋話，天長日久，中國話反而生疏了。胡雪巖見他聰明伶俐，反應靈敏，是個不可多得的人才。暗忖今後得好生待他，以便將來與洋商打交道。

歐陽尚雲果然對上海洋商了如指掌，問起洋商底細，如數家珍，娓娓而談。胡雪巖從他口中得知，太平軍向英商麥得利所購五百枝毛瑟槍，因現貨不齊，麥得利向國內拍電報催運，商定下月初交貨。胡雪巖算算還有二十多天，不禁額手稱慶，真是天助我也，二十天用來周旋，時間綽綽有餘。商場規矩，只要貨未交出，一切協定契約，均無約束，簽約毀約，司空見慣。胡雪巖久經商戰，有信心令麥得利改弦易轍，撕毀與太平軍的簽約，把生意轉給自己做。

主意打定，胡雪巖叫歐陽尚雲與麥得利聯繫，親自和他面談。

第二天，歐陽尚雲陪與胡雪巖，前去一家洋酒館會晤麥得利。一路上，歐陽尚雲不斷地向胡雪巖介紹洋人的禮節、習慣和規矩，不知不覺地到了酒館門外，只見身著紅外套的黑種人在把門，他滿臉絡腮鬍子，模樣煞是兇狠。歐陽尚雲介紹說是印度僕役，相當於中國的門子。酒館外面裝飾得金碧輝煌，晶瑩耀眼，一行巨大的洋文襯在門楣上，類似於張旭的「狂草」。經介紹，胡雪巖知道是英文「歐羅巴大酒店」。

麥得利步出門廳迎接，他身材瘦長，像根晾衣竿，鼻子尖細且彎，令人想到鷹嘴。麥得利爽朗大笑，緊緊抱住胡雪巖，幾乎令他喘不過氣來，強烈的口臭使胡雪巖頭暈目眩。熱烈歡迎之後，胡雪巖在餐桌旁就座，開門見山地與麥得利談起了那筆軍火交易。麥得利連連搖頭，說已與別人簽約，不可失信。胡雪巖說，知道你與誰簽了約嗎？那可是一夥與合法政府作對的亂民啊。麥得利說自己是商人，商人只管做生意，而不問對方是誰，哪怕是魔鬼。胡雪巖反問對方：知道五口通商的條約嗎？那是外國政府與清廷簽訂、保護外國商人在華利益的，如今你們與反對清廷的亂民做軍火生意，無異於反對中國政府，這還能受到保護嗎？

這一招很厲害，麥得利無言以對。胡雪巖抓住要害，進一步說，如果清廷得知這筆交易，派兵截獲軍火，那時你不但血本無歸，還要被政府追究責任，利弊如何，不是明白無遺嗎？麥得利苦笑著，聳聳肩膀，兩手一攤，表示無可奈何。他狡辯說，槍支已經啟運，很快到達上海，若中途毀約，將會蒙受巨大損失。胡雪巖告訴他，自己可以代表浙江地方當局買下這批軍火，並可提高價格。麥得利雙眼一亮，連說那就沒問題，表示很有考慮必要。胡雪巖盯住他說，不是考慮，而是必須，否則自己將運動所有力量，破壞麥得利與太平軍的交易。

麥得利將信將疑，轉向歐陽尚雲，詢問他胡雪巖在中國官場上的影響和勢力，究竟有多大。歐陽尚雲告訴他，中國有句老話，叫做「有錢能使鬼推磨」，胡雪巖的錢財，足可以買下浙江半個省的土地，相當於英倫三島的其中一個。麥得利驚得張大嘴巴，連連伸出拇指比劃，金錢的力量立刻降伏了他，麥得利明白與胡雪巖這樣的巨富打交道，比與「亂民」太平軍來往有利多了。

沒費多大力氣，麥得利就放棄了原來的打算，與胡雪巖商談起購買槍支的具體事宜。胡雪巖允許把每枝槍價格提高一兩銀子，麥得利高興得手舞足蹈，斟滿一杯洋酒，與胡雪巖碰杯，慶賀生意成交。

一個本來與己無關的行業，一個已被其他人占去先機的機會，對一般人而言已經沒有在這裡撈一把的希望了—這是一局怎麼走都難以找到活路的死棋。而胡雪巖不這麼看，他能一眼看出對方的死穴從而一擊而中，並且能後來居上，把死生意轉變成能為其大賺其錢的活生意。

攬字訣：

控攬局面才能做大局面

胡雪巖能看到別人看不到的問題，
抓住別人抓不住的機會，
辦成別人辦不好的事情，
賺到別人賺不到的錢。

商人做生意為求利是天經地義的事，
誰能賺得到更多的金錢，
求得更大的利益，誰就是英雄。

守、摸、交、創、變、打、快、破、面、勢、佈、跳、誠、誘、
挺、信、生、攬、研、藏、送、留、情、險、善

透過合適的人才控攬局面

胡雪巖以自己為綱，以手下合用的人才為目，透過這些目把全局抓在自己手裡。一個目是一個小局面，小局面做好了，眾多做好的小局面彙集在一起，就是一個任其操縱的大局面。

「牡丹雖好，綠葉扶持」的俗語，就形象地指出了只有依靠眾人的力量，才能辦成大事的道理。與這句俗話意思相同的格言並不少，如「眾人拾柴火焰高」，「一個籬笆三個樁，一個好漢三個幫」，「獨木不成林，單人不成眾」，等等，話語雖然淺顯，道理卻很重要。像武大郎開店——高的都不要，或像梁山泊的王倫秀才忌賢妒能，最後只能是孤家寡人難成大事，甚至送掉性命。

胡雪巖長於算計，謀事周到，「公關」厲害，招數高明，所做之事多能辦成，這是他的本事，對此他也很自信。然而，僅靠他一個人的本事，只能唱獨角戲，頂多一個小生意，不會成為一個集錢莊、絲行、典當、軍火、糧食、房地產生意於一體，經營範圍涉及浙江、江蘇、上海幾乎半個中國，甚至還把手伸到外國人那裡去的紅頂商人。他成功的秘訣，在於能用人，也就是集中大家的力量為我所用，從而創造出經營上的奇蹟。

胡雪巖的用人，一是內部聘用，二是外部利用。在聘用職員上，他不拘一格選拔人才，只要有所長，即大膽使用。如小船主老張，老實忠厚，人緣好，對絲繭較為熟悉，胡雪巖就投資一千兩白銀聘他當絲行老闆。劉慶生本是一個錢莊站櫃臺的夥計，但人很精明，是可造之才，胡雪巖就用他當阜康錢莊的總管。陳世龍是一個類似街頭混混的小青年，還好賭，胡雪巖發現他很機靈，也能管住自己，是個可堪造就的人才，就收他當夥計，而且還肯下本錢培養他，要把他造就成一個如古應春那樣的「康白度」。如此這般，胡雪巖為自己網羅了一批十分能幹的幫手。他不僅善於識別、選拔人才，而且能根據他們的專長，各有所用，充分信任。老張當絲行老闆，為人老實，才能有限，胡雪巖卻一再鼓勵他大膽去做。劉慶生當阜康錢莊總管，胡雪巖就放手讓他獨當一面，並不過多干涉劉慶生的經營。對夥計的信任，使這些夥計能留住心，替胡雪巖效力。

由此可見，在企業管理中，這種信任是十分必要的。企業領導者畢竟不是超人，不可能面面俱到事事親為，許多大大小小的事情，就不得不交給部屬來完成。有些領導者對員工缺乏必要的信任，自己做不來的事也不願交給部屬，對他們不放心，硬是把活兒死攬著，到頭來誤時又誤工，是很不明智的。

「用人勿疑，疑人勿用」是管理學家常用的管理法則。企業領導者只有充分信任部屬，部屬才會因為受到器重和青睞而努力地工作。相反，如果部屬知道領導者不信任自己，他們就會很敏感地覺察到，對這種度量狹窄的領導者失望而輕蔑，自然工作起來便會不認真，敷衍了事，對命令的執行也只是應付差事。這樣領導者與部屬的關係便會處於尷尬的境地，領導者的權威因而也會受到影響。

信任部屬不能只是嘴巴上說出來就行了，一定要切實地做起來。主管在分配給部屬工作時，應同時給部屬以相對的權力，否則工作就無法順利開展。在賦予部屬權力時，要說明權力限制，之後就完全放手讓部屬自己決策，自己完成。假如在授權之後，仍然以不信任的眼光盯著部屬，處處管著部屬，讓他的行動不越離自己的某種限度，這樣他就會感到上級的不信任，他們就會失去其進取的積極性而流於一般的應付。這一點，胡雪巖就做的很好，深得人心。在對外部人員的利用上，胡雪巖也是巧借東風的高手。或以情動人，或以理服人，或以利誘人，胡雪巖均能恰到好處地打動對方，從而使對方與自己合作。

湖州府衙門的戶房書辦鬱四，雖只是一個小吏，但因他在地方經營多年，不僅熟悉這裡的風土人情，在地方上也有一定影響，而且掌管著徵錢、徵糧的「魚鱗冊」，胡雪巖要代理湖州府庫，要在湖州做生絲生意，都要借重他的力量。胡雪巖對他採取以情、利並用的手段，幫他處理家務，和他聯合做生意，在湖州收絲銷洋莊採取與他利潤分成的方式，獲得鬱四的大力支持。胡雪巖為了幫助王有齡，說服嵇鶴齡進新城縣安撫造反的「刁民」，用的也是攻心之術。

嵇鶴齡是個窮困潦倒的候補知縣，已喪配偶，留下一大群孩子，欠下一大筆債務。他雖有勇有謀但因恃才傲物、性格耿介，不為人所用。王有齡要安撫新城縣造反的百姓，必用此人。胡雪巖暗中給嵇鶴齡贖回當鋪的衣物、還清債務，還替嵇鶴齡物色了一個丫環做妻，令嵇鶴齡感激不盡，冒死進新城去安撫造反的百姓。胡雪巖替王有齡解決了大難題，也使他與王有齡的關係更進一層，為自己今後的發展找到牢固的靠山。

胡雪巖深知「綠葉」的重要，也是從「綠葉」那裡獲得支援的好手。

從胡雪巖身上，我們可以悟到，造物者在每個人身上都種有偉大的種子，每個人都有能力完成某些重要的事。基於這種觀點，每個人都是重要的——顧客是重要的，你的員工也是重要的。

很多商業人士在工作時卻往往忘記了這一點，他們認為，生意就是生意，員工不該指望自己被重視。因為這並不是管理人員的工作。

這種想法完全錯了！讓員工覺得重要正是管理人員的工作—因為使員工覺得重要，才會鼓舞他們有更好的工作表現。

韓非說：「下君盡己之能，中君盡人之力，上君盡人之智」。意思是說，只會用自己力量的人，是下等君王；能用別人力量的人，是普通君王；善於激發臣下智慧的人，才算得上高明的君王。韓非子告訴我們，作為一個領導人，不能事必躬親，而要善用他人，但在用人之際要特別注意的是，不只是用他人的能力，更重要的是用他人的智慧。

穩住根本才能做得出大局面

胡雪巖做生意既善於出奇招，又堅決地穩住根本。他所認為的根本就是服務於世人，以仁德之心做生意。只要這個根本穩住了，任他風吹浪打，大局也就始終控攬在自己手心裡。

胡雪巖在他的「胡慶餘堂」創業之始，投入運作的第一步，想到的就是做名氣。為了做名氣，他又以「仁」為本，做了兩件事：

第一，是多賣亂世當口急需的救命藥，對買不起藥的人，免費奉送。

第二，為軍中提供只收成本的捐助型藥品，比如「諸葛行軍散」之類。

他要在極短的時間內，為自己創出一塊牌子。胡雪巖這一舉措來自一個發生在雍正年間的故事受到的啟發。

雍正年間，京城裡有一家規模很大的藥店。這家藥店製藥選料特別地道，連雍正皇帝也很相信他們的藥，讓他們承攬了為宮中「御藥房」供應藥品的全部生意。有一年恰逢辰戌醜未大比之年，會試在三月裡，稱為「春闈」。由於前一年是個暖冬，沒下多少雪，一開春又氣候反常，導致春疫流行。趕考舉子病倒很多，有能夠堅持的，也多是胃口不開，萎靡不振。古時科場號舍極其狹小，人在裡面站起來立不直身子，靠下去伸不直雙腿，而且一連三場考試不能出闈，體格稍差就支援不住，何況精神不爽的人？

根據這一年的情況，這家藥店抓緊配製了一種專治時氣的藥散，並託內務大臣奏報雍正皇帝，說是願意將此藥散奉送每一個入闈舉子，讓他們帶入闈中，以備不時之需。雍正皇帝本來就有些為當年會試能否順利進行擔心，有此好事，自然大為嘉許。於是這家藥店派專人守在貢院門口，趕考舉子入闈之時，不等他們開口，就在他們的考籃裡放上一包藥散。這些藥散的包封紙印得十分考究，上有「奉旨」字樣，而且隨藥包另附一張「方單」，把自己藥店有名的丸散膏丹都刻印在上面。

結果，一半是這家藥店的藥好，一半也是這些趕考舉子的運氣好，這一年入闈舉子中報病號中途出場的，人數大大減少。這一來，出闈的舉子，不管中與不中，都上這家藥店買藥。更重要的，由此一舉，也讓這些來自各省的舉子把這家藥店的名聲帶到各地，使天下十八省，遠至雲南、貴州，都知道了京城裡的這家藥店，這家藥店的生意一下子就興隆起來。這家藥店只用了少數的一點本錢，就大大地擴大了店鋪的名聲，不可謂不高明。

胡雪巖同樣是開藥店，但是他的做法更加複雜而且計高一籌。首先，他是從人道主義、從「仁」字出發的。

在腐敗的清王朝的統治之下，社會動盪，百姓常常背井離鄉，流離顛沛，因而瘟疫、病患常常是防不勝防。而此類之百姓又常常是貧寒之民，無錢治病。基於此，胡雪巖下令各地錢莊，另設醫鋪，有錢收錢，無錢白看病，白送藥。

那個時侯，南京已經被太平軍打下，清廷派重兵駐紮南京周邊，稱為「江南大營」。各路百姓則是顛沛流離，四處奔逃。打仗自有死傷，逃難自有瘟疫，軍民兩方面都是需藥應急，藥材生意自然看好。

胡雪巖點子多，馬上就心生一計，他的計策是：準備大量應急藥材，贈予江南大營，施予逃難黎民。這些藥材並不昂貴，也無非是「諸葛行軍散」之類的普及性小東西。以今天標準來看，大概也就是風油精、消炎粉、雲南白藥之類的成藥。

而且胡雪巖還與湘軍、綠營達成協定，軍隊只要出本錢，然後由他派人去購買原物料，招集名醫，配成金瘡藥之類，送到營中。左宗棠知道後，感歎道：「胡雪巖為國之忠，不下於我。」胡雪巖的仁舉換來了封疆大吏左宗棠的一句盛讚，而這一句盛讚，對於借助官場勢力的商人來說，就更加博得了眾人對之的信任與支援。

鎮壓太平天國之後，天下士子雲集應天府，進行科舉考試，胡雪巖又派人送各種藥品、補品給這些士子。因為每年考試期間，許多士子由於連夜奔赴，或臨陣磨槍，身心都極度疲乏，往往一下子就病倒了。胡雪巖此舉，乃是有因而為，當然，也受到考官、士子們交口稱讚，並紛紛托人向胡雪巖致謝。

然而，胡雪巖廣施小惠，得到的利益卻是不可估量的。

他開藥店進行義診，使得天下人都知道，浙江有個「胡善人」；他為軍營送藥，曾國藩忍不住誇他，而使他成為忠義之士；他為應考的士子送補品，天下士子都感激他，朝廷也因他的種種舉動而賞他二品官銜。就施捨對象而言，不論是清廷官兵，或是逃難百姓，無論如何，總是得到免費藥品，對健康總是有所助益；就胡雪巖而言，經由贈送藥品，「胡慶餘堂」的名聲得以遠播，聲名傳開之後，就可以和清軍糧台打交道，建立正式的官方銷售管道，把藥材賣到軍隊裡去。這樣的生意，說實在的，真是一輩子吃不完。胡雪巖這一招，真稱得上是「一石二鳥」，既做好事，又做生意。

這些看起來似乎都是出於一種功利的目的，但其實，世界上許多東西都是義跟利都分不清的。作為一個有眼光的商人，應該把這兩者很好地結合起來，而不是取其一端，因為無論取哪一端，作為商人，他都不是成功的。

這個道理在現代應該是被許多商人看清了，所以許多大商人往往又是大慈善家，他們到處捐款，救濟孤老，興辦學校，受到社會的好評，他們的商業機構或產品也因之受到更多的認可。所以說，「仁」也是胡雪巖商法的重要精髓，是胡雪巖從商的大智慧之一。其主旨在於，「有慈善心，肯施惠於廣大群眾」，才能樹立起企業的形象，才能給自己帶來較好的利潤。因此，可以說，胡雪巖的「仁」，也是他取財的正道之一。

研字訣：多動腦筋以求鑽研深入

胡雪巖能看到別人看不到的問題，
抓住別人抓不住的機會，
辦成別人辦不好的事情，
賺到別人賺不到的錢。

商人做生意為求利是天經地義的事，誰能賺得到更多的金錢，求得更大的利益，誰就是英雄。

守、摸、交、創、變、打、快、破、面、勢、佈、跳、誠、誘、挺、信、生、攬、研、藏、送、留、情、險、善

做生意要能想人所不能想

別人所想到的事你也隨大流地去做，耗費再大的物力精力，也不會有太大的收穫。要想不同凡響，就得像胡雪巖那樣想人所不能想，鑽人所不能鑽。

胡雪巖的阜康錢莊開業這天，櫃檯內四個年輕夥計，身著嶄新的藍色長布衫，笑臉迎賓。劉慶生穿著汀綢長衫、蜀紗烏褂，頭戴一頂黑絲瓜皮帽，紅光滿面，精神抖擻地親自招呼顧客。信和錢莊的大東家和總管張胖子、大源錢莊的大東家和孫德慶以及鴻財錢莊的總管等一批名聞蘇杭、富甲江南的錢莊業巨頭紛紛前來賀喜。他們出手「堆花」的存款都有好幾萬，而那些散放在櫃檯上的賀銀，更是難以計數。其餘賀喜的同行也絡繹不絕，錢莊門前車水馬龍，直引得行人駐足觀望。紛紛猜測，為什麼杭州城一個小小的錢莊「夥計」開錢莊會有此等風光呢！其實這全是靠胡雪巖巧妙地在王有齡身上和錢莊「大夥」身上的投資所換來的成果。大家都知道，胡雪巖在官場有朋友，今後難免會有事相托，同時又加之他人緣極好，同行中都認為他是個誠實、守信用之人。

晌午擺宴款客之後，客人相繼離去。胡雪巖此時方靜下心來盤算開業的情況，雖然來了個「開門紅」，看起來情形不錯，但他感覺自己走的是一條他人常踩的老路子，有步人後塵之嫌；做生意第一步最重要，不是謀名，就是取利，只有走準了第一步以後的生意才會水到渠成，不斷做大。胡雪巖低頭暗自思忖了好一會兒，明白做錢莊生意的第一步就是要闖出名頭，要讓人感到在你這裡存錢不但安全，而且還有利可圖。如果能做出名氣，即使剛開始成本高一點，以後肯定也能財源滾滾。但是如何才能儘快闖出自己的名頭呢？忽然，胡雪巖頭腦中靈光一現，立刻把總管劉慶生找了過來，要他開立十六個存摺，每個摺子存銀二十兩，一共三百二十兩，掛在自己的帳上。劉慶生見胡雪巖迫不及待地要開這麼多存摺，如墜五里雲霧，莫名其妙，但既然東家吩咐了，就只好照辦。

胡雪巖挑揀一張撫台黃宗漢的姨太太玉菡的摺子，叫一長相英俊的小夥計謝青，立刻給撫台府邸送去，並囑咐務必見到姨太太且討個回訊。

謝青來到撫台府邸，見了姨太太玉菡，下跪請安後，從懷裡掏出摺子遞過去說：「稟報夫人，小的把摺子送過府來了。」

玉菡疑惑地打開摺子，見自己名頭下存銀二十兩，不禁驚訝道：「我從未存過你家錢莊，別是弄錯了吧？」

「沒有錯，」謝青說，「我家胡老爺吩咐，這二十兩銀子是敬送夫人的薄禮，夫人若要體恤我們錢莊，有不急用的銀錢可存入莊裡，利息優厚，取用方便。」

玉菡這才恍然大悟，笑著說：「你們老闆真是鬼精靈，生意做到人家閨房中來了。可憐他一片苦心，我這裡正好有一筆錢不急用，索性就存入你們莊裡吧。」

說著，拿出一張五百兩的銀票，交給謝青。謝青回到錢莊，回覆胡雪巖後，胡雪巖高興地說：「果然不出我所料！」

於是，胡雪巖命夥計分頭去送摺子。沒過兩天，果然拋磚引玉，各家官眷紛紛來投桃報李，把各種私房錢都存入阜康錢莊，少則幾百，多則幾千上萬。

胡雪巖找的這條門路，不僅聚集一大筆資金，而且掙得了天大的一塊面子。人人都知道阜康錢莊與衙門上上下下關係密切，便都格外另眼相看。名氣一響，生意也就自然興旺起來了。

儘管如此，胡雪巖仍覺名氣還不夠響亮。正在這時，朝廷又分派官票。為了使發行順利，戶部規定各省布政司衙門，每省必須吃下官票若干。然後，再由各省布政司衙門，通令省內錢莊或票號等民間金融機構，強行分攤，全數吃下官票。也就是，朝廷憑空發行紙鈔（亦即官票），強制兌換民間現銀。

然而，就在眾人猶豫擔心的時候，胡雪巖心裡已經拿定了主意，他認為：「亂世出英雄。越是亂的對候，越有機會。凡事有其弊必有其利。最關鍵的是，一定要隨時抓住有利的一面，就會永賺不賠。」他對劉慶生說：「京裡發放這種官票，只不過是想聚斂銀兩，充實軍餉，以對付長毛。我看長毛，勝則彌驕，敗則氣餒，不得人心，甘於守成，必不能成大器。現今官兵得西洋利器相助，左、曾二位大人又帶兵有方，長毛必敗無疑。

因此，無論虧盈，我都要幫官兵打贏這場仗。只要官軍鏟徐了長毛，世間太平，朝廷必將感激。到時候，無論做什麼生意，朝廷必將一路放行，這哪有不發的道理？你明白了嗎？記住，做生意要將目光放遠，生意做得越大，目光就要放得越遠。不要怕投資過大。只要能用在刀刃上，投資都會收到事半功倍的效果。因此做大生意，一定要看大局，你的眼光看得到一省，就能做下一省的生意；看得到一國，就能做下一國的生意；看得到國外，就能做下國外的生意；看得到天下，就能做天下的生意。」

胡雪巖的這番話是劉慶生聞所未聞的，聯想到胡雪巖在王有齡身上「投資」一事，不由得大為欽佩，暗自讚歎：「胡雪巖的確是胡雪巖，其眼光之深邃，絕非常人所能及也。」

兩天後，杭州錢業公所召集同行開會，商討如何處理上頭交下來的二十萬兩「戶部官票」。杭州城裡大大小小錢莊老闆無不哭喪著臉。那次同業聚會，胡雪巖沒有參加，但他事前明白告訴「阜康錢莊」總管劉慶生：「我們現在做生意，就是要幫官軍打勝仗。只要能幫官軍打勝仗的生意，我們都要做，哪怕是賠錢生意，照樣要做。這不是虧本，是提前放資本下去，有朝一日官軍打了勝仗，天下一太平了，什麼生意不好做？到時候，我們是出過力的，公家自然會報答我們，做生意處處方便。」

正因為有了胡雪巖的如此指示，劉慶生才敢在眾人猶豫觀望之際，主動站出來一下子認購兩萬兩。當時杭州城裡加上新開業的阜康，共有大同行九家，小同行三十三家，按大同行一份，小同行一半，阜康一下子就掛了頭牌。在阜康的帶動下，各錢莊認購踴躍，結果二十五萬兩的「戶部官票」還不夠分。在兵荒馬亂的年月，能出現如此景象，實在難得。阜康的行為不僅僅得到了同行的讚賞，而且還得到了朝廷的褒獎。阜康這塊招牌，一下就在官商兩界響亮起來，經過阜康錢莊轉兌、私蓄的朝廷官員也越來越多。胡雪巖聰明，能鑽，這是商界對胡雪巖的共同評價。事實上，商界也是弱肉強食、適者生存，誰能鑽善算，誰就是「適者」。

找到可以鑽研進去的媒介

像做其他事一樣，鑽不可盲目，否則碰個頭破血流也於事無補。胡雪巖在「鑽研」之初善於找到一個以資助力的媒介，從而一鑽即成。

古應春是怡和洋行在華從事經營活動的早期代理。在洋場混久了，對外國典章制度、工業農業等方面了如指掌，對於外國人的經商方式、行為特點也都熟悉。胡雪巖能得此人之助，和洋人打交道不至於盲人摸象，一葉障目了。胡雪巖自己不知道的事，古應春知道。借洋款時，多少錢的利息，什麼時間還，以何種方式還，透過古應春，都可有個大致不差的判斷。所以洋人就不大有可能提出過於懸殊的條件。胡雪巖也不至於蒙著頭吃虧。

西洋諸國的國內生產情況時有變化，古應春有足夠多的朋友、足夠多的管道及時瞭解到各國的經濟起伏，有了這層瞭解，在西洋人硬撐著不收蠶絲時，胡雪巖已事先知道，西洋各國這一兩年受災，本土的蠶絲供應大減，除非他們自己願意絲織廠關閉，否則他們必須接受胡雪巖這方面的條件，按胡雪巖的開價收購繭絲。正是由於胡雪巖有了古應春這樣的好幫手，才能壟斷中國上海洋場的絲業貿易長達二十幾年而不衰。

在與何桂清打交道時，胡雪巖就發現，他自己對官場上的事，能夠清楚瞭解的僅至府縣，省裡的事，僅能猜出幾分，至於說官的各種缺分，他就更茫然無知了。不知道京官的品秩，就無辦法參與出謀獻策，更不用講借此謀取厚利了。有過這種抱憾的經歷，胡雪巖就格外著意接近各種人物。比如飽讀詩書出身的嵇鶴齡，宮中行走的小軍機徐用儀，戶部尚書的弟弟寶森等。和他們交往，胡雪巖瞭解了不少官場知識。這些官場知識，既包括死的知識，比如官階排列順序，見面必守的規矩，也包括活的知識，比如禮當某官執首而宮中實寵某人，由於各官性情不同而宮中有所調整等。對胡雪巖而言，需要的就是這些零碎的官場知識。

左宗棠因平定西北回亂而調入軍機處，曾商議再借洋款，時逢東宮太后崩，按規矩要停議，但是胡雪巖事先已經從徐用儀那裡瞭解到，此次東宮仙逝，實屬西宮下毒手，既然如此，表面上的禮節固然要考慮到，稍有越矩之事也不會過於深究。這樣看來，借款之事倒不必因為這個意外而停下來。況且，左宗棠收復西北，威震海內外，朝廷正不知以何作為酬謝，稍有擅專，自然也不至於引起龍顏不悅。有了這些瞭解，胡雪巖就不必有任何負擔，一心一意地去辦借款了。

至於解讀官書，胡雪巖更是外行。而且分析官場榮衰，目的是要幫助自己下定做各種生意的決心。由於事屬隱秘，就不便聘個文書幫忙。所以胡雪巖培養了幾個親密至好。一個是浙江道台德馨，一個是古應春，一個是尤七姐。有了內圈人物，而且是懂規矩、善揣測的內場人物，胡雪巖就很少有失誤，把他苦心經營所做成的官勢、商勢發揮得淋漓盡致。洋人幫助小刀會，引起兩江督撫的震怒，胡雪巖提早得到消息，知道督撫聯名上折，要朝廷關閉絲茶市場，懲戒洋人。由於消息知道得早，而且是從秘密管道揣摸而得，就顯得既準確而又鮮為人知。憑著這一判斷，胡雪巖開始第一次放膽屯絲、板價不賣，直到洋人出高價求售，才轉手賣出獲利甚豐。

胡雪巖透過這些朋友，把官場的消息化成了商場的利潤，頗和國民黨時期四大家族親眷利用政策，在股市債券市場上買空賣空，牟取暴利類似。不過胡是憑朋友、憑本事，後者卻是憑地位、憑後臺。後來在胡雪巖生意失敗，錢莊生意崩潰時，憑著尤七姐對官方的分析，胡雪巖知道事情尚有轉機，所以才能有條不紊地著手收拾殘局，為時人稱道：「在落魄之中，氣概光明，未曾少貶抑。」我們不便假定在沒有正確分析官方態度時胡雪巖可能的處理方式，但有一點可以肯定，因為有了預先估計，胡雪巖的行為更為從容了。

胡雪巖說：「篾片有篾片的好處……好似竹簍子一樣，沒有了竹篾片，就擰不起空架子。」

篾片，是對幫閒一類人的稱呼，這類人受富豪官宦豢養，長於吃喝玩樂，能察言觀色、巧言善辯，善於照應場面，被富人用作幫閒陪侍。這篾片，大約也可以看做胡雪巖那個時代生意場上必不可少的特殊的「公關」一類的人。

胡雪巖深知「公關」的重要性。跟對方的關係搞得密切親近，合作的生意會做得很順利；如果與對方關係陌生疏遠，就連穩賺不賠的生意也難以做成。這種關係是建立在雙方的感情、瞭解、信譽、實力基礎之上的。胡雪巖要用篾片，就是意在與官僚商賈的吃喝玩樂、交往應酬中，使對方玩得愉快盡興，消除對自己的陌生感，建立起對他的信任感，從而為合作的真實目的鋪平道路。對篾片的使用，既顯示出胡雪巖對人情世故的洞悉，也說明他在人員安排上的各盡其才。

胡雪巖崇尚：

「有錢大家一起賺」

「不搶同行的飯碗」

「吃虧就是佔便宜」

「先做朋友後做生意」

他以誠待人，以信交友，

使自己的名字成為信譽的代名詞，

成為一塊縱橫商海的「金字招牌」。

藏字訣：做生意不能過於顯山露水

胡雪巖能看到別人看不到的問題，
抓住別人抓不住的機會，
辦成別人辦不好的事情，
賺到別人賺不到的錢。

商人做生意為求利是天經地義的事，
誰能賺得到更多的金錢，
求得更大的利益，誰就是英雄。

守、摸、交、創、變、打、快、破、面、勢、佈、跳、誠、誘、
挺、信、生、攬、研、藏、送、留、情、險、善

藏起鋒芒不招人妒

做生意要善於藏住念頭，等待時機，然後再適時出手。胡雪巖的意思很明白，就是做事要不落痕跡，不自招妒忌。

商場上確實應該注意儘量不要招嫉。被人嫉妒，會在自己與同行之間造成一種無形的隔閡，生意上攜手合作的可能性就會大打折扣。特別是自我招搖，自招妒忌，還容易使自己在同行業中處於孤立地位，甚至還有可能使同行聯手起來與你作對，這樣，你也就會感到處處掣肘，要想獲成功，也就難上加難了。

自古以來「同行相妒」，而妒嫉的力量是很可怕的，人行走商場，最怕非議，最怕樹敵，因此還是謹慎比較可靠。胡雪巖對這一點深有感觸，他說：「不招人妒是庸才，可以不招妒而自己做得招妒，那就太傻了。」無論在他的興盛期還是末路時期，他都非常注意自身的舉動，避免鋒芒太露，因別人的嫉妒而受敵。

胡雪巖的不自招妒嫉，是為了不在同行中處於孤立的地位，是一種深刻的眼光。在創業之初，這種眼光就表現出來了。

胡雪巖因資助王有齡而被錢莊掃地出門，王有齡當官後，自然要感恩圖報，給胡雪巖創業的機會。

不為賺錢而結怨，不搶別人的好處，這是調適人際關係要優先考慮的問題。同時，為了不在同行中處於孤立地位，還有一條重要原則，即不自招妒忌。

當時，胡雪巖要籌辦自己的錢莊，實際上他還身無分文。不過他已經籌劃好了資金的來源，即以王有齡為官場靠山，憑他們的交情承辦代理打點道庫、縣庫的過往銀兩。代理道庫、縣庫，可以用公庫的銀子來做錢莊的流動資本，而且公家銀子不需付利息，這等於是白借本錢。

當然，這樣做要有一個條件，那就是王有齡必須得一個署里州、縣的實缺。當時王有齡剛剛仕途起步，還只是浙江海運局「坐辦」，一來他還不具備真正給胡雪巖提供代理公款的條件，二來他自己也確實需要胡雪巖的全力相助，因此，他不同意胡雪巖立即著手開辦錢莊。依王有齡的想法，等他真正地在官場立足之後再著手胡雪巖的錢莊也不遲，反正他們的交情本來就不必瞞人，由當時官場通例，他把官庫銀子給胡雪巖錢莊「代理」，也是極普通的事情，不怕別人說什麼。

不過，胡雪巖不這樣認為。胡雪巖認為正因為已經有了代理道庫、縣庫的籌劃，所以更應該先立起一個門戶來。王有齡此時剛剛得意，外面還不大有人知道，因而也正是一個機會。這時把錢莊辦起來，即使實際上只是一個空架子，外面也要弄得熱熱鬧鬧的，這樣一旦王有齡放了州縣，由自己的錢莊代理公庫，公款源源而來，空的自然變成實的。

倘若一定等到王有齡放了州縣得了實缺再來搭架子，那時浙江官、商兩界都知道有個王有齡，也都知道王、胡之間的交情，雖然自己的錢莊能夠得到的代理官庫的好處是一樣的，或許錢莊生意的運作還會方便些，但外人的看法和說法卻會大不相同，人們會說胡雪巖辦錢莊是借了王有齡的官場靠山，也會說王有齡是動用公款交胡雪巖辦錢莊，營商自肥，如果有人開個「玩笑」，告上一狀，那也就真的要「吃不了，兜著走」。

胡雪巖的意思很明白，就是做事要不落痕跡，不自招妒忌。商場上確實應該注意儘量不要招嫉。被人嫉妒，會在自己與同行之間造成一種無形的隔閡，生意上攜手合作的可能性就會大打折扣。特別是自我招搖，自招妒忌，還容易使自己在同行同業中處於孤立地位，甚至還有可能使同行聯起手來與你作對，這樣，你也就會感到處處掣肘，四面支絀，要想獲得成功，也就難上加難了。

從這一角度看，自招妒忌其實也就是在為自己樹敵。而且，應該知道，由自招妒嫉而樹敵，這「敵」比通常意義上的「敵」還可怕，因為他常常隱在暗處，難以對付，表面上和你一團和氣，暗地裡卻是因為嫉妒你而給你暗地裡一刀，讓你知道有對手卻不知道對手在哪裡，等你找到對手之後，也許你精心籌劃開創的事業早已付之東流。

該收斂時莫招搖

招搖並不是完全不好，有時為了給自己提氣，或者追求一種宣傳效果，胡雪巖也會招搖一番。但是當情勢所迫應該收斂的時候，那可千萬別再招搖了。

一個精明的商人，雖然知道常常遭人妒忌是免不了的，但決不自招妒忌。而他們不自招妒忌的方法，也不外乎與胡雪巖一樣，第一，不要在同行中鋒芒太露；第二，不能總想著自己將好事占盡；第三，隨時注意得讓人時且讓人，以化解可能產生的敵意。總言之，做事要不落痕跡。

清朝末年，西化運動逐漸生根，朝廷特設「總理各國事務衙門」，處理涉外事務。「總理各國事務衙門」，簡稱「總理衙門」，等於是現在的外交部。不過，總理衙門不管事，算是第二線事務機構，真正與外國官商打交道的第一線衙門有兩個，一個是設於天津的直隸總督兼北洋大臣，另一個則是設於南京的兩江總督兼南洋大臣。

朝廷派左宗棠到南京，當起南洋大臣。左宗棠目空一切，到南京後就和李鴻章槓上，極力剷除李鴻章在江南地區的勢力。李鴻章也不好惹，當然也出計謀倒打左宗棠。兩雄相爭，先斬對方羽翼。毫無疑問，胡雪巖是左宗棠最大的羽翼，也成了整個北洋系最顯著的靶子。各種麻煩不打一處來，胡雪巖十分機警，見招拆招，一一應付。就在這個節骨眼上，胡家正趕上辦喜事，他家三小姐要出嫁了。

胡雪巖派他親信姨太太，帶著大筆現銀趕到上海，採購鑽石珠寶，作為女兒嫁妝。這姨太太很能幹，在租界裡的一家德國洋行，買到了極為珍貴的一批鑽石首飾。

這德國洋行的經理久仰胡雪巖「財神」之名，成交之後，提出不情之請，希望姨太太能同意，把這批鑽石首飾在店裡陳列一個星期，讓店裡大做廣告，說是本店做成財神胡雪巖女兒出閣嫁妝的生意，以收廣告之效。

德國經理這份請求，卻讓胡雪巖的姨太太頗傷腦筋，她和胡雪巖在上海的死黨兄弟古應春商量此事。一方面，現在外面整個北洋系人馬都在等機會找胡雪巖麻煩，胡雪巖好歹是朝廷紅頂子官，在上海灘這樣招搖，很容易落人話柄，說胡雪巖鋪張招搖，有礙官箴。所以公開展覽首飾並不妥當。可是，要是拒絕對方要求，自然有話傳出去，說是胡雪巖現在不比從前了，財力大為縮水了，連嫁女兒都拿不出像樣的首飾，否則為什麼不敢拿出來展示？要是真有這種傳言，對胡雪巖的信用則是一大打擊，以後做起生意來，場面就要大打折扣。

經過幾方面思考，最後姨太太與古應春決定，展覽還得展覽，不過，既是在德國洋行裡，那麼，首飾旁的說明，就以英文、德文表示，不准寫中文。這種做法，其實滿駝鳥的，但也不失為折中之道。

胡雪巖雖然是富敵王室的東南巨富，有財神之譽，但是，畢竟還是知道憂讒畏譏，儘管有部分實力，還是知道收斂。所以，作為一個中國商人，一定要懂得不自招妒的道理，像胡雪巖一樣，反躬自省，收斂鋒芒。

胡雪巖崇尚：

「有錢大家一起賺」

「不搶同行的飯碗」

「吃虧就是佔便宜」

「先做朋友後做生意」

他以誠待人，以信交友，

使自己的名字成為信譽的代名詞，

成為一塊縱橫商海的「金字招牌」。

胡雪巖能看到別人看不到的問題，
抓住別人抓不住的機會，
辦成別人辦不好的事情，
賺到別人賺不到的錢。

商人做生意為求利是天經地義的事，
誰能賺得到更多的金錢，
求得更大的利益，誰就是英雄。

守、摸、交、創、變、打、快、破、面、勢、佈、跳、誠、誘、
挺、信、生、攬、研、藏、送、留、情、險、善

送字訣：

送得出去方能收得回來

領會到位才能送得及時

送與收需要雙方默契。當然也有一些剛入門的菜鳥需要人家指點，甚至需要事主張口求索。不過只要你領會到位，送得及時，也算亡羊補牢，未為晚也。

胡雪巖身處當時腐敗的大環境中，研究「送」的學問也是無奈之舉。

晚清著名的「譴責小說」家李寶嘉（一八六七年至一九〇六年，江蘇武進人）在其長篇小說《活地獄》的「楔子」裡指出：「我們中國國民，第一件吃苦的事，不是水火，也不是刀兵，倘要考究到他的利害，實在比水火刀兵還要加上幾倍。不是別人，就是那一座小小的縣衙門。衙門裡的人，一個個是餓虎饑鷹，不叫他們敲詐百姓，敲詐哪個？大堂之中，公案之上，本官是閻羅天子，書吏是催命判官，衙役三班，好比那牛頭馬面。雖說普天之下，二十多省，各處風俗，未必相同，但是論到衙門裡要錢，與那些訛詐百姓的手段，雖然大同小異，卻好比一塊印板鑄成，斷乎不會十二分走樣的。」

這些話形象生動地勾勒出晚清官府的形象。作者在書中第三十七回寫了安徽蕪湖一開旅店的商人被人訛詐，昏庸的縣官反而判他賠償。後來，旅店商人的家屬找到實證，證明確係被騙，決定上訴。縣官生怕事情敗露，不但知錯不改，竟然還把商人誣為積年地痞惡棍，判了十年監禁。

晚清貪官污吏以權謀私，翻手為雲，覆手為雨。身處生意場，整天在錢眼兒裡摸爬滾打的胡雪巖既清楚地瞭解這樣的社會現實，更明白結交官府的第一條就是要捨得花銀子，比如胡雪巖平時一聽說某某官員來看他，就馬上從抽屜裡抽出銀票，放在衣袖裡去會客，視來人的聲望、地位，多則奉贈萬兩，少則三、五千兩。人心都是肉長的，每個人對不勞而獲的東西都有一種慾望。你這裡給他一個驚喜，回過頭他就會覺得你這個人還不錯。給了這些官員好印象，你以後說什麼話，做什麼事自然是方便順暢了。這裡面還有一點至關重要，給誰送，送多少，必須把握得當，活要做得越細越好。

在封建社會，有「三年清知府，十萬雪花銀」的說法，尤其是在晚清極其腐敗的大環境下，吏治混亂、私慾膨脹。上司向部屬勒索更是家常便飯，如果你把裡面的門道弄明白了，把上司打點得滿意了，自然好處多多。在這方面，胡雪巖不僅把官場的這點門道摸得倍加熟悉，而且每一步都替王有齡打點得非常到位。

胡雪巖一向相信「有錢能使鬼推磨」這層道理，在用人打通關節上，他既不像一般人那樣猶豫不決，縮手縮腳，也絕對不會半途而廢。為此，有人說胡雪巖用錢是「又狠又忠厚」，這個「狠」，就是指他花錢辦事乾脆利落，不留尾巴，什麼事情都可以辦成。

晚清時的官場，能幹的人不一定得到提升，而提升的也不一定是能幹的，全看你如何把上司侍候得如何。那浙江巡撫黃宗漢的貪吃貪索，可說是毫無「義」字可言，但是胡雪巖卻輕鬆地將其擺平。辦漕米前從上海往他老家匯去兩萬兩銀子。然後王有齡又在胡雪巖的幫助下順利完成調運漕米的公事，一下子在浙江官場獲得能員的讚譽，因為已經有了兩萬兩銀子墊底，這位「能員」很快就得到湖州知府的美缺。

按慣例他應該交卸海運局「坐辦」的差使，但由於調運漕米拉下的虧空一時無法填補，加上還有一些生意上的事牽涉到海運局，王有齡便想兼領海運局坐辦。但在向浙江巡撫黃宗漢提出這個請求時，黃宗漢卻有意賣了一個關子，既不說行也不說不行。王有齡還以為撫台大人怕自己顧不過來，便趕緊說道：「請大人放心，一定兼顧得來。因為我手下有個人非常得力，這一次漕米一事，如果沒有他多方聯絡調解，很難這麼順利。」

「喔，這個人叫什麼名字？是什麼出身？幾時帶來我看看。」

「此人名叫胡雪巖，年紀甚輕，雖是生意中人，實在是個奇才。眼前尚無功名，似乎不便來謁見大人。」

「那也不要緊。現在有許多事要辦，只要是人才，不怕不能出頭。」對於黃宗漢來說，只要有錢，管他什麼身份出身，「你說他是生意人，做的是什麼買賣？」

「他，」王有齡想替胡雪巖吹吹牛，「他是錢業世家，家道殷實，現在自己開了個錢莊。」

「錢莊？好，好，很好！」

一連說了三個「好」字，語氣頗為奇怪，王有齡倒有些擔心，覺得撫台大人用意難測，實在不能不留神。

「提起錢莊，我倒想起一件事來。」黃宗漢說：「現在京朝大吏，各省督撫，紛紛捐輸軍餉，我不能不勉為其難，想湊出一萬兩銀子出來，略盡綿薄。過幾天托那姓胡的錢莊，替我匯一匯。」

「是！」王有齡答道：「理當效勞，請大人隨時交辦下來即可。」

一聽這話，黃宗漢臉馬上沈了下來，端茶送客，而對他兼領海運局坐辦的事，再也不提了。這一來可把王有齡給弄了個雲山霧罩，不知就理。不知用什麼方法，方能討出一句實話來？

因此，王有齡一出撫台衙門，立即找胡雪巖商量此事。「現在海運局的事，懸在半空中。該怎麼打算，竟毫無著手之處，你說急人不急人？」王有齡喝了口茶水又接著說，「索性當面告訴我不行，反倒好進一步表明決心，此刻弄得進退維谷。」

關鍵時刻還是胡雪巖看得準。這黃宗漢原是一個貪財刻毒、翻臉不認人、一心搜刮銀子而不體恤下情的小人。浙江前任藩司椿壽，就是因為沒有理會他四萬兩銀子的勒索，被他在漕米解運的事情上狠整了一把，以至生路全失，自殺身亡。胡雪巖對王有齡說：「不要緊。事情好辦得很，頂多再多花幾兩銀子就行了。」

「咦！我倒不相信，你何以有此把握？再說，花幾兩銀子是花多少，怎麼個花法？」

胡雪巖告訴王有齡，他給予黃宗漢的回答，是聰明一世，糊塗一時。黃宗漢哪裡是要讓錢莊交匯捐輸軍餉？他其實是不願從自己口袋裡往外出這筆錢，而要借海運局的差使，勒索王有齡的銀兩，讓我們替他出這筆錢。而且「盤口」都已開出來了，就是一萬兩銀子。你王有齡不明就理，還在那裡大包大攬，說等他給下銀子即刻匯出，你如果不是有意裝糊塗，就是愚蠢，他哪裡還會理你兼領海運局坐辦的差事？

「噢！」王有齡這才恍然大悟，「怪不得，怪不得！」

在胡雪巖的點撥下，王有齡又把當時的情形重新回想了一遍，只因為自己不明其中的奧妙，說了句等他「隨時交下來」，黃宗漢一聽他不懂行話，立刻就端茶送客，真個是翻臉無情，想想也令人寒心。

「閒話少說，這件事辦得要快，『藥到病除，錢到事成』，不宜耽誤！」

「當然，當然。」王有齡想了想說：「明天就托信和匯一萬兩銀子到部裡去。」而事實上也真正是「藥」到「病」除，王有齡也隨即得到兼領海運局坐辦的批准。

黃宗漢為官極為貪婪，但他從不公然索賄，手下人要是不給，或者給得不夠，黃宗漢也不會立即發作，但是過後往往另外尋找個堂而皇之的藉口，修理禮數不夠的屬下。胡雪巖看準了黃宗漢的這種德性，因此才讓王有齡拿銀子買路子。

前一筆兩萬兩銀子，化為黃宗漢對王有齡的提拔，從海運局轉為署理湖州知府；後一筆一萬兩銀子，讓黃宗漢為王有齡兼理海運局的原差事開了綠燈。胡雪巖心想，錢花得值得，因為王有齡兩個差事各管一攤官銀，只要權勢在，何愁大量的官銀不從阜康過。有了官銀做靠山，阜康的頭寸、手面、實力自然也就不在話下了。

不僅如此，胡雪巖辦事精明，經常讓長官心裡想的得以實現，使黃宗漢一次次從胡雪巖和王有齡手裡得到不少好處，自然是在許多方面對他大開方便之門。胡雪巖後來在浙江的許多生意，比如販運軍火，都是借助他的力量辦成的。

在胡雪巖那個時代，如此投其所好便可藥到病除，其實是一個「通例」，實在是百試百靈的仙丹妙藥。胡雪巖深諳此道，自然也從不吝惜銀子，甚至到了有索必給，有「求」必應的地步。

在商言商，胡雪巖所謂「拿銀子鋪路」，自然是他為了打通官場路子，尋求官場保護的有意之所為。只要能夠培植起自己的靠山，能夠讓自己賺到錢，目的也就達到了。而當時官場的腐敗，恰恰為胡雪巖這位善於在「銅錢眼裡翻跟斗」的高手提供了全力施展的大舞臺。但這種做法究竟有違正道。我們在研究胡雪巖時，在這一點上一定要有清醒的頭腦。

與人結交要送得其所

對於胡雪巖來說，與人相交沒有什麼捨不得的，只要對以後的發展有利，他都能付出。當然，胡雪巖的付出總是能夠獲得超值回報的，這就是「寧捨一朵花，抱得萬錠銀」。

有段時間，官場上盛傳，浙江巡撫黃宗漢即將他調。而且這種說法不打一處來，久而久之，大家都信了，其中最緊張的，莫過於胡雪巖和王有齡了。因為王有齡在黃宗漢手底下當官，雖然黃宗漢貪婪，但王有齡卻把黃宗漢敷衍得很好，侍候得舒舒坦坦。所以，王有齡任內的各項虧空。只要黃宗漢在任，都不會有什麼問題。

如今，黃宗漢即將調任，如果由其他地方調來一個素昧平生的傢伙來接任，那麼，王有齡可就慘了。而王有齡是胡雪巖在浙江官場的靠山，他所捅出來的虧空，多半也是因為胡雪巖的生意而造成的。所以，無論如何都要想法，弄一個熟人來接黃宗漢的缺。

「誰來接任浙江巡撫的位置最為合適呢？」兩個人商量來商量去，覺得還是由江蘇學政何桂清接任這個位子最合適。因為清代體制，學政掌管一省教育、科舉，類似於今天的教育廳長，但不歸巡撫管轄，並且與巡撫一般大，同為二品官員。再說何桂清幼年時節，曾是王有齡父親的門記之子，與王家素有淵源。此人後來科場得意，與黃宗漢同榜同年，各方面條件都適合接任黃宗漢。

那時候太平軍已攻占南京，江蘇省差不多有一半地方，被太平軍占領，何桂清只好離開鎮江，暫時在蘇州設府辦事。於是，胡雪巖拿著王有齡寫給何桂清的信，帶著最寵愛的紅顏知己阿巧專門去了一趟蘇州，遊說何桂清早日進京活動。至於費用，肯定是由胡雪巖放款（其實也就是代墊了）。

既然有機會拜訪剛踏上青雲路的何桂清，胡雪巖要如何出手，才能令他對自己產生好感呢？胡雪巖心想，錢是最有力的武器，還是老辦法。於是，胡雪巖在準備給何桂清的信中，夾了一張五千兩的銀票。這是秘密的事，因為當官的最怕被人參上一本，說自己受賄。除了送錢，還要送禮。可送什麼禮，才有用處呢？

那阿巧出身風塵，已經接近三十歲，仍然風姿綽約，可以迷倒不少男士。在風塵場所之中，有所謂「五年成一世」的說法，年輕的阿巧，早已成為一名擅長應酬的「公關小姐」了，最明白人情世故。見胡雪巖為送禮一事犯愁，便問道：「他是什麼地方的人？」

「雲南人。」胡雪巖答道。

「雲南人出任江蘇的官職，當然患思鄉病，不如從吃的方面下手！」阿巧提出了自己的建議，因為她明白，要想討人歡心，最好從吃的方面下手。

「呀！你說得對！」胡雪巖以讚賞的眼神望著阿巧。隨後，胡雪巖便雇人在江蘇境內搜集雲南特產，如宣威火腿、紫大頭菜、雞趾菌和鹹牛肉乾。但這些東西實在不好找，雖然找到了，數量卻不多。

胡雪巖心想。以自己的關係竟也找不到，何況他人呢？便對阿巧說：「不怕，千里送鵝毛，禮輕情義重。」於是，便將這四色土產包好，連同王有齡的信和五千兩銀票，托人送給了何桂清。

胡雪巖手頭闊綽，送禮自也不同凡響。但胡雪巖的本意一方面要辦成想辦之事、另一方面也想借此與何桂清交個朋友。

相見後正事談定，兩人自然是開懷暢飲。酒過數巡，有了幾分酒意的何桂清，話也就少了許多顧忌，他忽然說道：「雪巖兄，我有件事，要靦顏奉托，內人體弱多病，性情又最賢慧，常勸我置一房妾侍，可以為她分勞，照料我的飲食起居。我倒也覺得有此必要，只是在江蘇做官，納民為妾，有反禁例。這一次進京，沿途得要個貼身的人照料，不知道你能不能替我在上海或者杭州，物色一個人？」

「這容易得很。請何公說說看，喜歡怎樣的人？」

「就像阿巧那樣的，便是上上人選。」何桂清脫口而出。

官場春風得意的何桂清，居然迷上了一旁伺侯、初次見面的阿巧，這多少使胡雪巖有點意外。對於阿巧，胡雪巖自相遇之日，便有「東北西南，永遠相隨無別離」的屬意。

現在要做「斷臂贈腕」的舉動，這個決心委實難下。胡雪巖心想，古人尚有買妾贈友的雅好，而且杭州從前也有個叫年羹堯的大將軍，身邊妾侍很多，但在被抄家的時候，他儘量把身邊的侍女遣散予朋友。想到這裡，胡雪巖心中釋然，他認為決不能為了一個女人而壞了自己的大事。於是做了「退一步想」的打算，忍痛割愛，將阿巧讓給了何桂清。

何桂清見胡雪巖竟然以美相讓，真是歡喜莫名，喜出望外，對胡雪巖感激不盡。從此之後，在官場上，胡雪巖又多了一個朋友。後來，何桂清對胡雪巖則是投桃報李，自己總督兩江後，特意舉薦王有齡坐上了浙江巡撫的寶座，並與王有齡一起，成了胡雪巖在東南無人可匹敵的兩大靠山。

胡雪巖崇尚：

「有錢大家一起賺」

「不搶同行的飯碗」

「吃虧就是佔便宜」

「先做朋友後做生意」

他以誠待人，以信交友，
使自己的名字成為信譽的代名詞，
成為一塊縱橫商海的「金字招牌」。

留字訣：

萬事留一步路就寬一點

胡雪巖能看到別人看不到的問題，
抓住別人抓不住的機會，
辦成別人辦不好的事情，
賺到別人賺不到的錢。

商人做生意為求利是天經地義的事，
誰能賺得到更多的金錢，
求得更大的利益，誰就是英雄。

守、摸、交、創、變、打、快、破、面、勢、佈、跳、誠、誘、
挺、信、生、攬、研、藏、送、留、情、險、善

給人活路留己財路

待人做事，得理也要讓人。在生意場上，胡雪巖即使完全有理由、有能力置對手於死地，也絕不把事情做絕。

胡雪巖到蘇州，到永興盛錢莊兌換二十個元寶急用，這家錢莊不僅不給他及時兌換，還憑白誣指阜康銀票沒有信用，使他很受了一點氣。

這永興盛錢莊本來就來路不正。原來的老闆靠節儉起家，做了半輩子才創下這份家業，但四十出頭就不幸生病去世了，留下一妻一女。現在錢莊的總管是實際上的老闆，他在東家死後騙取那寡婦孤女的信任，人財兩得，實際上已經霸佔了這家錢莊。永興盛的經營也有問題，他們貪圖重利，只有十萬兩銀子的本錢，卻放出二十幾萬兩的銀票，早已經岌岌可危了。

胡雪巖在這家錢莊無端受氣，自然想狠狠整它一下，起先他想借用京中「四大恆」排擠義源票號的辦法。京中票號，最大的有四家，招牌都有一個「恆」字，稱為「四大恆」。行大欺客，也欺同行。義源本來後起，但由於生意遷就隨和，信用又好，而且專跟市井小民打交道，名聲一下子做得很盛，連官場中都知道了它的信譽，因此生意蒸蒸日上。「四大恆」的同行相妒，想打擊義源，於是出了一手「黑」招，他們暗中收存義源開出的銀票，又放出謠言說是義源面臨倒閉，終於造成擠兌風潮。

胡雪巖仿照這種辦法，實際上本可以比當年「四大恆」排擠義源時做起來更方便也更狠。浙江與江蘇有公款往來，胡雪巖可以憑自己的影響，將海運局分攤的公款、湖州聯防的軍需款項、浙江解繳江蘇的協餉幾筆款子合起來，換成永興盛的銀票，直接交江蘇藩司和糧台，由官府直接找永興盛兌現，這樣一來，永興盛不倒也得倒了，而且這一招借刀殺人，一點痕跡都不留。

不過，胡雪巖最終還是放了永興盛一馬，沒有去實施他的報復計劃。他放棄計劃，有兩個考慮，一個考慮是這一手實在太辣太狠，一招既出，永興盛絕對沒有一點生路。另一個考慮則是這樣做法，很可能只是徒然搞垮永興盛，自己卻勞而無功。這樣一種損人不利己的事情，胡雪巖也不願意做。

從這件事情中，我們確實可以看到胡雪巖為人寬仁的一面。說起來這永興盛既來路不正又經營不善，實際是一個強撐住門面唬人的亂攤子，即使將它一擊倒地，大約也不會有多少人同情，可能還為錢莊同業清除了一匹害群之馬。即使是這樣，胡雪巖還是下不得手去，足見他所說的「將來總有見面的日子，要留下餘地，為人不可太絕」，並不是口頭上說說而已，而是確確實實是這樣去做的，這其實可以看做是胡雪巖的一條做人準則。

這其間自然有胡雪巖對於自我利益的考慮在起作用，所謂將來總有見面的機會，事情做得留有餘地，也就為將來見面留有了餘地。事實上，對於生意人來說，這樣考慮也是十分必要的。生意場上，沒有永遠的朋友，也沒有永遠的敵人，無論競爭多麼激烈的對手，競爭過後都會有聯合的可能，因此，競爭總是存在，而「見面」的機會也總是存在的。俗話說「給人一活路，給己一財路」，從商者都應該把目光放遠一些。

幫人也要給人留面子

不能因為自己的行為是在幫助別人，就可以趾高氣揚，完全不顧別人的感受。這樣一來，一方面人家可能根本就不買你的帳，另一方面即使接受了幫助，到頭來也未必承你之情。胡雪巖以誠助人，從別人的立場考慮問題，給人留足了面子。所以胡雪巖助人，總能圓滿地達到自助的目的。

嵇鶴齡和胡雪巖能夠成為朋友，甚至以一個讀書人的身份，而且還是一個有幾分實實在在的傲氣的讀書人的身份，與胡雪巖這樣一個祇知道「錢眼裡翻跟頭」的商人結為拜把兄弟，就是因為胡雪巖倚重他且實心實意幫助他而顯示出來的感人的誠意。

胡雪巖做嵇鶴齡工作的方式很特別。他不是用通常的曉之以理、誘之以利，甚至開始都不做任何的應酬結識的客套。嵇鶴齡妻子新喪，還在「七七」之內，他備好香燭紙錢一應祭品，不等通報就「闖」進嵇家，擺出香案，十分真誠地拜祭嵇鶴齡的亡妻。與此同時，他又贖出了嵇鶴齡為料理妻子喪事當出的衣物家當，讓當鋪送到嵇家。嵇鶴齡知道胡雪巖是王有齡倚重的人，剛剛見到他時還心生戒備，但在胡雪巖一番事情做完之後，不僅戒備防範之心盡數解除，相反還對胡雪巖衍生出一種由衷的佩服。

胡雪巖此舉的確厲害。他這樣做來，有兩個不可忽視的作用：

第一，從感情上打動嵇鶴齡。嵇鶴齡喪妻未久，除小數幾位氣味相投的知己朋友之外，還沒有多少人來吊唁，胡雪巖對於他的亡妻的真誠祭典，以及由此見出對於嵇鶴齡中年喪妻不幸的同情，一下子就打動了他。

第二，幫在實處。嵇鶴齡一直沒有得到過實缺，落魄到靠著典當過活的地步。而且，更絕的是，胡雪巖知道嵇鶴齡有一種讀書人的清傲骨高，極愛面子，是決不肯無端接受自己的餽贈的，因此，他為嵇鶴齡贖回典當的物品，用的是嵇鶴齡自己的名號，並且言明，贖款只是暫借，以後嵇鶴齡有錢歸還時，他也接受。

這樣，不僅為嵇鶴齡解決了實際的困難，而且也為他爭回、保住了面子。有此兩端，也難怪嵇鶴齡這樣一個十分傲氣的讀書人，也會對胡雪巖這一介商人的行事作為刮目相看。

胡雪巖的做法，其實也就是我們今天常常說到的做人的工作要動之以情的原則。動之以情，要人相信你的情是真的，自然要示之以誠。

事實上，胡雪巖如此相待嵇鶴齡，雖然也是為了說服他而「耍」出的手腕，但在胡雪巖的心裡，也確實有真心佩服他而誠心誠意地要與他結識的意願。胡雪巖雖是一介商人，但他也的確時常為自己讀書不多而真心遺憾，因此他十分敬重真有學問的讀書人。從這一角度看，胡雪巖對嵇鶴齡的真誠，是不容懷疑的。後來為了解決嵇鶴齡的困難，他還親自作伐，將王有齡夫人的貼身丫鬟嫁給了嵇鶴齡。他們兩個人也結下了金蘭之好。

有人可能會說，說到底還不是為了辦自己的事？達到目的就行，什麼面子真誠都無所謂。但若從策略上來講這是堵自己的路，十有八九不會成功；以道德上而言即使是為了助己，能在這個過程中更好地助人，從而成人之美，這不也是很愜意的事情嗎？

胡雪巖能看到別人看不到的問題，
抓住別人抓不住的機會，
辦成別人辦不好的事情，
賺到別人賺不到的錢。

商人做生意為求利是天經地義的事，
誰能賺得到更多的金錢，
求得更大的利益，誰就是英雄。

情字訣：

做生意要過人情關

守、摸、交、創、變、打、快、破、面、勢、佈、跳、誠、誘、
挺、信、生、攬、研、藏、送、留、情、險、善

不欠人情帳

「錢財帳背後的『人情』，向來是比錢財更重要的。」胡雪巖認識到這一點，也受益於這一點。但是，當「錢財帳」與「人情帳」互為消減的時候，胡雪巖向來是將後者作為第一考慮的，他寧可捨去錢財，做個人情。

對於合作夥伴，不僅要有一筆「錢財帳」，還要有一筆「人情帳」。讓我們來看看胡雪巖是如何處理這兩者之間的關係。

早在少年時期，胡雪巖就注意人與人之間的「人情帳」，他把人情看得比錢財更重要。

還在做學徒時，胡雪巖的一個朋友從老家來杭州謀事，病倒於客棧中。房租飯錢已經欠了半個月，還要請醫生看病，沒有五兩銀子不能出門。

胡雪巖自己薪水微薄，但又不忍心看著朋友困頓無助，就找到一個朋友那裡。朋友不在，胡雪巖只得問朋友的妻子，看她是否能幫一個忙。

朋友之妻見胡雪巖人雖落魄，那副神氣卻不像倒楣的樣子，家小也是賢慧能助男人的人，就毫不猶豫地借了五兩銀子給他。

胡雪巖很有志氣，從手上摘下一隻鳳藤鐲子，對朋友之妻說：「現在我境況不好，這五兩銀子不知道何時能還，不過我一定會還。鐲子連一兩銀子也不值，不能算質押。不過這只鐲子是我娘的東西，我看得很貴重。這樣子做，只是提醒我自己，不要忘記還掉人家的錢。」

後來胡雪巖發達，還掉了五兩銀子。朋友之妻要把鐲子還給胡雪巖。胡雪巖卻認為，這筆「錢財帳」雖然還上了，但背後的「人情帳」卻沒有還上。他說：「嫂子，你先留著。我還掉的只是五兩銀子，還沒有還你們的情。現在你們什麼也不缺，我多還幾兩銀子也沒太大意義。等將來有機會還上您這份人情了，我再把鐲子取走。」

後來這位朋友生意上遭人暗算，胡雪巖聞訊後出面相助。朋友倖免於難，朋友之妻再次要還鐲子，胡雪巖這才收下。

為了能做成「洋莊」，胡雪巖在收買人心、拉攏同業、控制市場、壟斷價格上可謂絞盡腦汁、精心籌劃。他費盡心機周旋於官府勢力、漕幫首領和外商買辦之間，而且還必須同時與洋人和自己同一戰壕中心術不正者如朱福年之流鬥智鬥勇，實在是冒了極大的風險，終於做成了他的第一樁銷洋莊的生絲生意，賺了十八萬兩銀子。但在清帳後知道給參與者分紅後自己不賺反賠時，他斷然決定即使一兩銀子不賺，該分的還是要分，該付的還是要付，決不能虧待朋友。

這分、付之間胡雪巖獲得的無形效益實在是太大了，它不僅使合作夥伴及朋友們看到了在這樁生意的運作中胡雪巖顯示出來足以服眾的才能，更讓朋友們看到他重朋友情分，可以同患難、共安樂的義氣。且不說這樁生意使胡雪巖累積了與洋人打交道的經驗，和外商取得了聯繫並有了初步的溝通，為他後來馳騁十里洋場和外商做軍火生意以及借貸外資等，打下了良好的基礎。同時，透過這樁生意，他與絲商巨頭龐二結成牢固的合作夥伴關係，建立了他在蠶絲經營行業中的地位，為他以後有效地聯合約業控制並操縱蠶絲市場創造了必不可少的條件。

僅僅從這分、付之間顯示出來的重朋友情分的義氣，使他得到了如漕幫首領尤五、洋商買辦古應春、湖州「戶書」鬱四等可以真正生死相托的朋友和幫手，其「收益」就實在不可以用金錢的價值來衡量。可以說，胡雪巖的所有大大發跡的大宗生意，都是在他們的幫助下做成的。因此，可以說，在這一筆生意上，胡雪巖的「錢財帳」是虧了，而「人情帳」卻大大地賺了一筆。前者的數目是有限的，後者卻能給他帶來不盡的機會與錢財。

說到底，處理好錢財帳與人情帳的關係，也是商場「關係學」中的必有之義。商事活動中，許多時候確實不能僅僅在金錢上算自己的賺賠進出帳，僅僅在自己的賺賠進出帳上打「小九九」，也許能憑著精細的算計獲得一些進益，但卻很難有大的成就，相反，有時在錢財的賺賠上灑脫些、大氣些，常常會收到意想不到的，而且往往是更大、更長遠的效益，給你帶來更大的成功。胡雪巖不在乎銀錢上的賺賠出入，分、付之下獲得如此的效益，讓人不能不佩服他的大氣和遠見。假如他只盯著自己銀錢上的進出而一毛不拔或為自己多留一點而一毛分成幾段拔，是否最終會得不償失呢？

而更為難能可貴的是，胡雪巖有著「責人寬，律己嚴」的胸懷，對待錢財和人情的問題，如果他虧了，他會大量地將其化做人情；但如果虧的是對方，他一定會堅持感情歸感情，生意歸生意。這也是他的信用的一個重要表現。這樣做法，使得生意夥伴之間在利害關係上獲得一種相互的約束，因此，它也是一種合作夥伴及朋友間必要的信用保證。

胡雪巖做生意時特別注意這一點。他與龐二合作，做成了第一筆生絲銷洋莊的生意，並且在這筆生意的運作過程中，發現了龐二在上海絲行的總管朱福年的「毛病」。胡雪巖不僅收服了朱福年，很好地處理了因為朱福年而在生意過程中發生的問題，且在這些問題的處理過程中顯示出自己精明的生意眼光和為人仁厚的品性。龐二在與胡雪巖合作中，對胡雪巖的為人，由瞭解而至心悅誠服，因此，他想讓胡雪巖完全加入自己的生意，幫自己全權照應上海的絲行。龐二想出的辦法是由他送胡雪巖股份，算是胡雪巖跟他合夥，這樣也就有了老闆的身份，可以名正言順地為他管理上海的生絲生意了。

能夠徹底與龐二合夥，就當時的情形而言，當然是胡雪巖求之不得的。但胡雪巖表示他不贊成吃「乾股」這一套花樣，既然龐二同意讓他入股，他就必須拿出現銀做股本。他的實力不如龐二，可以只占兩成，龐二拿四十萬兩，他拿十萬兩，而且還要立個合夥的合約。胡雪巖的想法很明確，感情是感情，生意是生意，不能一概而論攪在一起夾纏不清。因為由於照顧朋友的情分，一時做出慷慨的決定，以後也許後悔而且還有說不出的苦。朋友相交，如果到了這個地步，也就一定不能善始善終，而生意上的合作也不會有好結果。

這樣處理這件事情，自然是高明的。從合作的角度，胡雪巖拿出這十萬兩現銀的股本，他與龐二之間訂立了合夥的合約，雙方也就有了明確的責任和信用關係，而這一種朋友關係之外的責任信用關係，正是他們長期合作的保證。

在實際中，生意夥伴之間也的確需要信用的保證。這種保證當然可以是合作夥伴之間的朋友感情。但生意場上僅有感情是不夠的，還需要有感情之外的按規矩來的保證，中國有句老話叫做「親弟兄，明算帳」，說的就是這個道理，而這句話中透出的人們由生活經驗而來的智慧，也的確是商場中應該遵循的至理名言。

胡雪巖不同凡響之處，在於他能根據不同的事情，不同的條件去區別對待，恰到好處地處理「錢財帳」與「人情帳」的關係。

重人情不能在生意上留漏洞

胡雪巖生意鋪得大是出了名的，他做生意重人情也是出了名的。本來這兩樣都沒有什麼不好。可是萬事不可太過，因為攤子鋪得大，精力難免照應不過來，因為重人情，往往對手下人過於信任，讓個別心懷叵測的人有機可趁。胡雪巖最後兵敗如山倒，就倒在這兩個方面。

胡雪巖確實是精力過人，本事也過人，因此，他想做的事情很多，他管的事情也確實很多，開著錢莊想到去做生絲生意，做生絲生意的過程中又要開藥店，然後又是軍火、糧食、典當等。而且，在從事自己的生意運作的過程中，他還管了許多生意以外的事情，比如解決浙江漕幫與松江漕幫的糾紛，比如幫助鬱四解決家庭矛盾，比如為古應春與七姑奶奶的婚事出謀劃策等，這些事情當然並不能說與他的生意全無一點關係，而且，經由他的手管過的這些事情也都有一個圓滿的解決，但是，一個人的精力確實有限，在做這些事、管這些事的過程中，是不是就沒有漏掉一些機會，也確實是不得而知。

無論胡雪巖的精力多麼充沛，失察疏漏總是有的，而且，他疏漏的地方還是極其重要的，足以讓他的整個商務帝國崩潰的地方。比如他對上海阜康錢莊總號「大夥」宓本常的失察，就是一個致命的疏漏。

這宓本常本來也是一把錢莊好手，要不然胡雪巖也不會將自己的錢莊交給他來經營。但這宓本常又是個利欲熏心、膽大妄為之徒。他看到胡雪巖有這麼一片「鮮花似錦」的事業，居然自己也興起「大丈夫不當如是耶」的妄念，想著借當阜康「大夥」的便利，利用在阜康的地位，調用阜康的資本，來做自己的生意。自己先就有了這個心術不正的想法，自然經不起別人的攛掇，最後居然在他的一個嫡親表弟陳義生的慫恿下，挪用阜康資金，交給陳義生大做起南北貨生意，以至發展到瞞天過海，弄虛作假，為了自己的私慾，他甚至有意阻撓胡雪巖收買繅絲廠計劃的運作，明處掣肘，暗處破壞，他放出風聲，說是胡雪巖並沒有辦機器繅絲廠的打算，只不過是古應春在房地產生意上拉了虧空，所以買空賣空，希圖無中生有，以彌補自己生意上的窟窿。

他挑唆那些想出讓繅絲廠的人另找主顧，甚至連胡雪巖交待收購倒閉的機器繅絲廠需要多少就開出多少款項決定，他也勇於拒付。古應春秉承胡雪巖意旨收購機器繅絲廠找他開銀票，他不僅不付，而且連譏帶諷，語多不恭。事實上，收買機器繅絲廠，是胡雪巖稱為在與洋商抗衡的過程中，最後關頭才殺出的死中求活的「仙招」，就是由於宓本常的阻撓，失去了最好的時機，使胡雪巖在與洋商抗衡僵持中終於力不能支，徹底失敗。最後在擠兌開始時，也是因為宓本常的措置失當，最終加速也加重了擠兌風潮引發的後果。

關鍵是這種變化並不是在一天兩天中出現的，比如古應春曾告訴過胡雪巖，宓本常向自己逼還借款，這就是苗頭，它一方面說明宓本常和胡雪巖已經離心離德—連與胡雪巖生死相托的朋友都敢相逼，這不就是已經與他離心離德了嗎？而另一方面更重要，宓本常的逼債，其實已經說明錢莊由於經營不善，致使銀根緊張，要不然即使宓本常與胡雪巖離心離德，表面上他也不會太逼古應春。但由於胡雪巖的失察—當時他也實在是顧不過來—致使這些苗頭，都被他輕易放過，留下了極大的禍患。雖然胡雪巖在擠兌風潮出現之後明白過來，一想起宓本常就「恨不得一口唾沫吐到他的臉上」，但後果已經鑄成，自己受害，也只能是徒喚奈何。

胡雪巖的重大失察，事實上還不止是錢莊這一個方面，比如他的典當行，本來按已有「架本」，他即使不圖賺錢，一年也可以有五十多萬兩銀子的收入。胡雪巖自己也知道，如果能夠精心管理，僅憑這一項生意，他也可以立於不敗之地。但他顧不過來。也就是這一顧不過來，為慣於作弊弄假的唐子韶之流留下掉包營私、侵吞當貨的漏洞，不僅沒有實現胡雪巖把當鋪當做「窮人的錢莊」的初衷，他自己每年在典當一行上的損失，就達三十多萬兩銀子。

的確，一個人的精力到底是有限的。經手的事情太多，表面上看來似乎沒有什麼疏漏，但由於精力有限，也許失察疏漏的地方在不知不覺中已經留下很多了，比如胡雪巖對於宓本常的失察，在典當業上的疏漏，都是在他經手事情太多，生意場面太大的情況下，由於實在是顧不過來而發生的。這些疏漏的地方，一定的時候都可能產生不良的後果，而且，由於一個人所有的生意運作常常是環環相扣，相互牽連的，有一些因失察留下的疏漏所產生的後果，常常是關鍵性的，並不只是影響某一樁或某一個行業的生意的成敗，它可能使辛辛苦苦建立起來的大廈整個兒徹底坍塌。

所以，幫襯是多方面的，既需要朋友同行的幫襯，也需要內部人員的幫襯，這是一個訣竅，問題在於如果重人情勝過管理，就會被人鑽了人情的空子。

險字訣：富貴宜向險中求

胡雪巖能看到別人看不到的問題，
抓住別人抓不住的機會，
辦成別人辦不好的事情，
賺到別人賺不到的錢。

商人做生意為求利是天經地義的事，
誰能賺得到更多的金錢，
求得更大的利益，誰就是英雄。

守、摸、交、創、變、打、快、破、面、勢、佈、跳、誠、誘、
挺、信、生、攬、研、藏、送、留、情、險、善

冒風險才能賺大錢

在複雜多變的市場競爭環境中，誰能尋找到經營成功的機會，並能及時抓住這難得的機會，誰就能獲得豐厚的利潤。也就是說，要賺錢就要冒風險，而要賺大錢則更要冒大風險。市場機會只青睞於有膽識的人，看準時機，使出超人一等的魄力，才能成為市場的真正贏家。

左宗棠是一代偉人，他的地位是他多年奮鬥得來的。而比他小十二歲的胡雪巖在他施展抱負、建功立名的過程中給予了莫大的支援，胡雪巖透過購武器、採糧、籌餉，參與左宗棠鎮壓太平軍、撚軍、陝甘回民起義的行動，在當時可是大清朝了不得的重大國事。

胡雪巖還為左宗棠協理洋務，更難能可貴的是在左宗棠以六十多歲的高齡掛帥出征、與阿古柏等分裂勢力逐鹿於西北蠻荒之地時，左的政敵冷嘲熱諷，各省觀望延緩，而胡雪巖精心選購西洋軍火，奔走籌借洋款，在幫助左宗棠收復新疆這件中外矚目的大事中出了大力。彼時彼刻，在左宗棠的眼裡，胡雪巖恐怕已成了春秋時犒師救鄭的弦高、西漢時輸財助邊的蔔式一類的良商了。

胡雪巖為左宗棠效犬馬之勞的結果，是獲得了對方的信任和倚重，且看左宗棠是如何評價他的：

左宗棠在一篇奏稿中說：「江西補用道胡光墉，自臣入浙，委辦諸務，悉臻妥協。杭州光復後，在籍籌辦善後，極為得力，其急公好義、實心實力，迥非尋常辦理賑撫勞績可比。」一八六四年四月（同治四年三月），左宗棠在給長子孝威的信中說：「胡雪巖雖出於商賈，卻有豪俠之慨。前次浙亡時，曾出拼命相救；上年入浙，渠辦賑撫，亦實有功桑梓。」一八七八年三月二十七日（光緒四年二月二十四日）在致譚鍾麟的信中說胡雪巖是他「依賴最久、出力最多之員」。

後來，胡雪巖的錢店開遍南北，各省大吏、京城顯貴紛紛至胡雪巖處托存私款，其中就有大名鼎鼎的恭親王奕訢（一八三三至一八九八年），他是同治帝的叔叔、光緒帝的伯伯。還有文煜，此人是滿洲正藍旗人，由官學生授太常寺庫使，累遷刑部郎中，歷任直隸霸昌道、四川按察使、江蘇布政使、直隸布政使、山東巡撫、直隸總督、福州將軍、署閩浙總督，到一八七七年（光緒三年）擢刑部尚書，一八八一年（光緒七年）做了協辦大學士，文煜自己的地位相當於副宰相，他與奕訢還是兒女親家，他在宦海弄潮多年，搜刮了不少民脂民膏，在阜康銀號中存銀就有七十萬兩。此外，福州布政使沈保靖在阜康的存款有三十八萬兩，這裡頭處處都離不開左宗棠的幫助和影響。

商戰中，誰善於把握機會，誰就能獲取成功，那麼如何把握這種稍縱即逝的商機呢？

一是靠膽量，要有勇於冒風險的勇氣和魄力。投資中一個普通的道理：利潤與風險同在。高額利潤必然伴隨著高風險的存在，而高額利潤往往是有利的投資機會。只有面對風險的考驗，以勇於勝利的精神去抓住機會，那就成功了一半。二是靠周密的市場調查。有勇氣決不能蠻幹，必須進行大量的調查研究和科學的市場預測，認清市場的現狀及未來，充分分析可能導致風險的各種不利因素，避免或者降低風險的產生。只有在變幻莫測的市場中，及時做出準確、全面和科學的分析，才能發現機會，把握機會。

勇於「破財」才有機會發財

胡雪巖認為，人以役物，不可為物所役。心愛之物固然要當心被竊，但為了怕被竊，不敢拿出來用，甚至時時憂慮，處處小心，這就是為物所役，倒不如無此一物。

胡雪巖為解運漕米的事情往返杭州、上海，送王有齡到湖州赴任，都是租用阿珠家的船。幾度相處，胡雪巖與阿珠一家，特別是與阿珠姑娘慢慢建立了很好的感情。胡雪巖的瀟脫倜儻贏得了阿珠姑娘的喜歡，胡雪巖也很喜歡阿珠姑娘的清純樸實。一是為了答謝阿珠家對自己的照顧，二來也是為了討阿珠姑娘高興，胡雪巖送給阿珠一個首飾盒，盒內雖只有簡簡單單一瓶香水、一個八音盒、一把象牙篦子、一隻女錶，但在阿珠姑娘這樣一個船家女來說，已經就是百寶箱了，驚喜之下也很為如何收藏這只首飾盒費了一番心思。胡雪巖很怕自己送給她禮物，讓她丟不開，反倒害了她，很是不安。

胡雪巖的擔憂並非沒有道理。其實，不要說阿珠這麼一個沒有見過世面的黃毛丫頭，就是家財萬貫的人也會犯守財奴的病。

據《史記》記載：

中華商業鼻祖陶朱公定居於陶後，生了三個兒子，皆長大成人。一次，二兒子殺了人，被囚禁在楚國。陶朱公對家人說：「按道理而言，殺人應該償命，不過我聽人說，若有千金贖人，可以救孩子一命。」

於是，陶朱公裝了黃金千鎰，放進一個褐色的容器中，抬上牛車，囑咐他的小兒子前去。大兒子聽說後堅決要求由他去，陶朱公不答應。大兒子說：「家有長子，長子的職責就是管家，現在我弟犯了罪，你不派我去，卻派了老三去，是我的不孝。」說完，大兒子就要自殺。做母親的勸陶朱公說：「派小兒子去，不一定能救二兒子，大兒子卻先死了，不好吧？」

陶朱公無奈，只得派大兒子去，寫了一封信給舊日的好朋友莊生。告訴大兒子說：「到了後把這一千金送到莊生府上，任憑他處理，千萬不要和他爭論。」

大兒子上了路，除了那一千金外還另帶了數百金。來到楚國，大兒子發現莊生家很窮。不過還是按照父親的話，遞上信，並送去了千金。莊生說：「你可以趁早走了，注意千萬不要留在這裡，你弟弟出來了，不要問原因。」

大兒子離開莊生家，並沒有聽莊生的話，而私自留了下來。並將他私人帶的錢送給一個在貴族家主事的人。

莊生雖窮，然而，以廉潔正直聞名於全國，舉國上下，包括楚王都很尊重他。對於陶朱公送的金子，他並不想接受，想等事成之後就還給陶朱公。所以他收到金子的時候，他就對老婆說：「這是陶朱公的金子，以後我還要還給他，請不要動用。」

但是，陶朱公的大兒子卻不瞭解他心中的這一意思，認為莊生這樣的人也不過如此。莊生找了個機會去見楚王說：「某某星出現在某某方位，這是楚國有了大難的標誌。」

楚王一向相信莊生，就問他說：「那該怎麼辦呢？」

莊生說：「只要有了德行，就可以免去災難。」

楚王說：「放生嗎？我馬上就這麼做。」

於是，楚王馬上派使者去封三錢之府。受陶朱公大兒子好處的那個主事人馬上報告這一消息：「楚王要實行大赦了。」

長子問：「你以什麼來證明呢？」

「每次楚王要大赦，就先封三錢之府，昨天晚上他就這麼做了。」在貴族家主事的人回話說。

陶朱公的大兒子認為既然要大赦，自己的弟弟自然就會出獄，把一千金白白地花在莊生身上，毫無意義，於是又去見莊生。莊生見了吃驚地問：「你怎麼還沒離開？」

大兒子說：「還沒有。我來是為我弟弟的事，現在楚王大赦了，我弟弟自然就平安了，所以現在我來見你一面，告個別就回去。」

莊生聽了，明白他來求見，不過是想把送出的金子再收回去，就說：「你自己到屋裡去把黃金拿走吧。」

陶朱公的大兒子於是把黃金帶走了，並暗自慶幸。莊生感到自己被陶朱公的大兒子戲弄了，很不是滋味，就入朝去見楚王說：「我前兩天講到星象顯凶，大王您說要以德行事免凶。我退朝後，聽到到處盛傳陶朱公的孩子殺了人囚禁在楚，他們家裡人帶了很多金子，賄賂大王左右，所以大王實行大赦，人們議論說這不是因為體恤楚國，而是因為陶朱公用了錢的緣故。」

楚王聽了大怒說：「我雖不材，何至於是為了陶朱公而施加恩惠呢？」

於是，楚王先派人殺了朱公子，第二天才下了大赦令。結果，陶朱公的大兒子只得拖著弟弟的屍體和一千兩黃金回去了。

陶朱公大兒子所為害了自己的弟弟。陶朱公顯然也對大兒子的行事態度有足夠的估計，不然就不會直接叫三兒子去辦。無奈大兒子以死相逼，也只好落得這麼一個笑話。

然而，仔細想想這個故事，卻也是我們做人的通病。免不了在有些事情上，會有人放出口風，做出暗示，乃至有所行動，向別人表示，他會把這件事處理得很乾脆、很乾淨。然而，事到中途，各種因素加入進來，做此表示的人會發覺這樣做未免代價太大，回報也不確定，眼睜睜是吃了虧。念頭一複雜，腳下的分寸也就亂了。

胡雪巖是不是知道這個故事無從考證，但考察他的經商因素，勇於「破財」的行為充斥他的一生，也為他贏來了更多的財富。

切記，錢是人造的，錢是人賺的，錢是人用的，生不帶來，死不帶去，得之正道，所得便可喜，用之正道，錢財便助人成就好事。假若做了守財奴，一個小錢也看得如性命，甚至為了錢財忘了義理，為一得一失不惜毀了信譽丟掉性命，那也就是為物所役，人本身才是最重要的，人沒了，錢有何用？所以，該破財時別猶豫。

胡雪巖能看到別人看不到的問題，
抓住別人抓不住的機會，
辦成別人辦不好的事情，
賺到別人賺不到的錢。

商人做生意為求利是天經地義的事，誰能賺得到更多的金錢，求得更大的利益，誰就是英雄。

守、摸、交、創、變、打、快、破、面、勢、佈、跳、誠、誘、挺、信、生、攬、研、藏、送、留、情、險、善

善字訣：

行善是做人的根本

善舉與財路相呼應

善，沒有純粹與不純粹之分，只要事實上達到了善的效果，能讓善為自己的生意服務不是一舉兩得的事嗎?產品能否在市場上暢銷，要看消費者對它的認知程度。知名度提高了，對產品的銷售就會發揮帶動作用。而能讓消費者認可一家企業，莫過於行善舉來打動消費者了。

對於商人來說，要行善舉樹立形象不但要捨得花錢，而且還要花的是時候是地方。「花一文錢要能收到十文錢的效果，才是花錢能手。」胡雪巖處於兵荒馬亂的年代，更懂得要顯名揚聲先得施恩布澤的道理。

胡雪巖常說：「做生意賺了錢，要做好事。」他對於行善做好事，是能做就做，而且從來都是不遺餘力，決不吝嗇。並且都是些有利於平民百姓很實在的好事。

在胡雪巖的家鄉有條錢塘江，古稱浙江、漸江、羅刹江和之江，這是浙江省第一大河，也是東南名川，它發源於皖、浙、贛交界處，流入杭州灣，黃山以下幹流屯溪至梅城段稱新安江，梅城至浦陽江口叫富春江，浦陽江口至澉浦為錢塘江。錢塘江主要支流有蘭江、浦陽江、曹娥江。

一百多年以前，杭州灣到蕭山西興的江面寬達十餘里。每逢春秋多雨季節，上游水流湍急、飛奔直下，如離弦之箭，加上海潮湧入，形成洶湧澎湃、氣勢磅薄的「錢江潮」。而急流與海潮相遇又使得錢塘江的水位異常複雜，江中流沙多變，歷來為航旅畏途。晚清時，錢江兩岸的人們還靠漁舟過江，出門得選個天氣晴朗、風平浪靜的好日子，有人要渡江，家中親人都要祭祖求神，祈禱平安。不過，即使是這樣，也難保不出風險。

為了解除錢江兩岸旅客渡江的困難，胡雪巖捐銀十萬兩，主辦錢江義渡，並說：「此事不做則罷，做必一勞永逸，至少能受益五十至一百年。」

當時，杭州錢塘江上還沒有一座橋樑，浙江紹興、金華等「上八府」一帶的人進入杭城都要從西興乘渡船，到望江門上岸。而當時的葉仲德藥店就設在望江門大街上，所以生意非常興隆。而胡慶餘堂則設在河坊寺大井巷，僅靠杭嘉湖等「下三府」顧客，很少有「上八府」一帶的顧客上門。

對一家商號來說，要在競爭中站穩腳跟，天時、地利、人和三方面的因素都要具備，但是，如何才能改變這一「地利」上的劣勢呢？

胡雪巖曾親自到碼頭上調查過，一位船工衝口而出「要讓上八府的人改道進杭城，除非是你把這個碼頭搬個地方！」言者無意，聽者有心，胡雪巖從碼頭回來，心裡有個底數，主意也就拿定了。

他又沿江實地考察，瞭解到從西興上船過江，航程大，江上風浪也大，容易出險。

胡雪巖選擇了三廊廟附近江道較窄之處，決定在這裡投資興建「義渡」，把碼頭「搬過來」，讓「上八府人」改道由鼓樓進城。

碼頭很快就修起來了，胡雪巖又出資造了幾艘大型渡船，不僅可載人，還可以載車和牲畜，而且免費過渡，又快又穩又省錢，上八府的人無不拍手稱好。這一來，胡慶餘堂在上八府顧客中的知名度提高了。上八府的旅客也改道由鼓樓進城了。胡慶餘堂的地理劣勢轉為優勢了，葉仲德堂的生意隨著「義渡」的開通迅速冷落。真可謂是「一石三鳥」之舉。

當然，胡雪巖開設義渡也是出於與杭城另一家著名藥號葉仲堂搶顧客、兜生意的需要。

但是，胡雪巖創設義渡後，臨時設有渡船，以便過客待渡，渡船每天開約十餘次，一般顧客不取分文，只有幹苦力的人來過江時替代船夫服役片刻，由於設義渡是眾人受惠之事，即使幹苦力的也樂於奉獻自己的一份力量。錢江義渡還設有救生船，遇有風高浪急時，渡船停駛，救生船便掛了紅旗，巡遊江中，若有船遭遇不測，就不避風浪險惡，飛快行駛過去救援。

錢江義渡的開辦不僅使胡雪巖的善名不脛而走，而且又便利於「上八府」與「下三府」的聯繫，客觀上促進了商業貿易的發展，對胡雪巖的經商活動也大有裨益。

除了設錢江義渡、開胡慶餘堂藥號、捐輸賑災、支援昭雪楊乃武小白菜冤案等善舉，胡雪巖還兩次東渡日本，重價購回流失在外的中國文物。有一回，他一次就購回七口古鐘，後將一口放於西湖岳墳左廡，一口放在湖州鐵佛寺內，上面都刻有「胡光墉自日本購歸」的字樣。寺廟本是人口流動之地，這些古鐘作為成功的廣告創意，使駐足觀賞的人們對胡雪巖其人、其店也刮目相看。

胡雪巖為了博得名聲，如此地散財施善，似乎有些讓人不好理解。生意人將本求利，一分錢的用度總是有一分利的回報才是正理，連胡雪巖自己都說：「商人圖利，只要划得來，連刀口上的血都敢舔。」而且「千來百來，賠來買賣不來。」散財施善，分文不取，用自己從刀口上「舔」來的血僅僅換來一個「善人」的名聲，何苦來哉！如胡雪巖把賺來的錢拿去做好事、善事，實際上為許多生意人所不為。

其實，胡雪巖說做生意賺了錢要做好事，正顯示了他超出一般人的見識和眼光。他做好事，無疑有他的行善求名，以名得利的功利目的，比如他自己就說過：「好事不會白做，我是要借此揚名。」胡雪巖做好事，也的確並不是與自己的生意一點聯繫都沒有。胡雪巖揚了名，等於是無形之中擴大了胡慶餘堂的市場，此為「以逸待勞」。

從做生意的角度看，生意人有了錢想著去做點助窮濟困的好事，其實也是為自己更好地做生意創造條件，比如因為自己的幫窮濟困，使一部分陷入饑寒，落入困頓的人得到某種必要的救助，起碼發揮了一定的安定社會、平靜市面的作用，為自己的商務活動的正常開展創造了一個良好的外部條件和環境。

富而有德自當樂善好施

富與德完全可以和諧地統一在一起。像胡雪巖這樣富有的人不多，像胡雪巖這樣不計成本地回饋社會，樂善好施的人更少。這是因為胡雪巖把行善作為自己的追求，作為自己做人的根本。

胡雪巖發跡於杭州，對杭州城的一土一木，都極具感情。他花大把銀子買了十萬石白米，籌措十萬兩白銀賑濟攻城湘軍，換取杭州滿城百姓的平安，這正是他「富不忘本」的表現，兩百年來，中國近代史上還沒有第二個類似的例子。生意人往來貿易，為的是將本求利，賺取銀兩，可是錢財畢竟是身外之物，生不帶來，死不帶去。

錢財價值，不在於錢財本身，而在於花費、消耗過程所帶來的滿足感。胡雪巖富而有德，樂善好施，為民造福，追求的正是這種滿足感。

連年戰爭使浙江滿目瘡痍，為收拾殘局，左宗棠在入駐杭州後，選派官紳「設立賑撫局，收養難民，掩埋屍骸，並招商開市。」胡雪巖是左宗棠處理善後所借重的人物，他經營了賑撫局務，設立粥廠、難民局、善堂、義塾、醫局，修復名勝寺院，整治崎嶇不平的道路，立掩埋局，收殮城鄉暴骸數十萬具，分葬於岳王廟左裡許及淨慈寺右數十大塚。

胡雪巖還恢復了因戰亂而一度中止的「牛車」。牛車是因水沙而設的一種交通工具。從前，錢塘江水深沙少，船隻幾乎可以直達蕭山西興。後來，東岸江水漲漫，形成數里水沙，每當潮至，沙土沒水，潮退後卻又阻淤泥。貧窮婦女沒錢雇轎，只好艱難地邁著小步在泥沙中踉蹌而行，時常還有陷踝沒頂之患。此時，胡雪巖損資設牛車，迎送旅客於潮沼之中，此舉大大便利了百姓。

為了緩解戰後財政危機，胡雪巖向官紳大戶「勸捐」，如，他曾向段光清勸捐十萬兩，段推三阻四，結果只捐一萬兩。段光清的《鏡湖自撰年譜》還舉了紹興富戶張廣川的例子，說胡雪巖指使在太平軍攻陷紹興時死去的署紹興知府廖子成的侄子在湖南遞稟，告發廖子成之死是因為張廣川集亂民戕害所致。結果，京城來了諭旨，著浙江巡撫查問。行文傳到在上海做生意的張廣川處，嚇得他挽人求情，寧願捐洋十萬元，這才獲免。段光清在文後歎道：「胡光墉之遇事傾人，真可畏哉！」

張廣川被罰捐是否冤枉，因旁無佐證而無從考釋，然而，當時為富不仁的富商豪紳確也不少。還在一八六二年（同治元年），左宗棠在一次上疏中就指責浙江富紳楊坊、俞斌、毛象賢等十數人「身擁厚貲，坐視邦族奇荒，並無拯恤之意，且有乘機賤置產業以自肥者。」胡雪巖罰捐，鋒芒畢露，少不得要得罪這樣一批人，幸得左宗棠明白其中難處，一八六四年（同治三年），胡雪巖具稟杭嘉湖捐務情形後，左宗棠對捐務有起色殊感欣慰，並在批箚中寫道：「罰捐二字，亦須斟酌，如果情罪重大實無可原者，雖黃金十萬，安能贖其一命乎！」這對不法富商無疑是當頭棒喝，相信他們聽了這樣的話自個兒心中也會掂量，與其當罪犯，不如多捐錢財，大事化小、小事化了。

除了上述事務，收復杭城後胡雪巖仍代理藩庫，各地解省銀兩非胡經手，省局不收。胡雪巖為什麼要代理藩庫？為的是要做品牌。阜康是金字招牌，固然不錯；可是只有老杭州才曉得。那時他要吸收一批新的存戶，非要另外想個號召的辦法不可。代理藩庫，就是最好的號召，浙江全省的公款，都信託得過他，還有什麼靠不住的？品牌做出來了，生意自然源源而來。清軍攻取浙江後，大小軍官將掠得的財物，紛紛存入胡雪巖的錢莊，胡借此從事貿易，設商號於各市鎮，每年獲利數倍，不過幾年，家資已逾千萬。

富而有德，樂善好施是歷代良賈應有的道德風範，古代就有：「貪吝常歉，好與益多」、「慈能致福，暴足來殃」這類包含著辯證法的商諺，胡雪巖在饒有資財之後，熱衷於慈善事業，實在難得。

料事如神：胡雪巖縱橫商道的祕訣（讀品讀者回函卡）

■ 謝謝您購買本書，請詳細填寫本卡各欄後寄回，我們每月將抽選一百名回函讀者寄出精美禮物，並享有生日當月購書優惠！
想知道更多更即時的消息，請搜尋"永續圖書粉絲團"

■ 您也可以使用傳真或是掃描圖檔寄回公司信箱，謝謝。
傳真電話：（02）8647-3660　　信箱：yungjiuh@ms45.hinet.net

◆ 姓名：　□男　□女　□單身　□已婚

◆ 生日：　□非會員　□已是會員

◆ E-Mail：　電話：（　）

◆ 地址：

◆ 學歷：□高中及以下　□專科或大學　□研究所以上　□其他

◆ 職業：□學生　□資訊　□製造　□行銷　□服務　□金融
□傳播　□公教　□軍警　□自由　□家管　□其他

◆ 閱讀嗜好：□兩性　□心理　□勵志　□傳記　□文學　□健康
□財經　□企管　□行銷　□休閒　□小說　□其他

◆ 您平均一年購書：□ 5本以下　□ 6～10本　□ 11～20本
□ 21～30本以下　□ 30本以上

◆ 購買此書的金額：

◆ 購自：　市(縣)
□連鎖書店　□一般書局　□量販店　□超商　□書展
□郵購　□網路訂購　□其他

◆ 您購買此書的原因：□書名　□作者　□內容　□封面
□版面設計　□其他

◆ 建議改進：□內容　□封面　□版面設計　□其他
您的建議：

剪下後傳真、掃描或寄回至「22103新北市汐止區大同路三段194號9樓之1讀品文化收」

廣 告 回 信
基隆郵局登記證
基隆廣字第 55 號

2 2 1-0 3

新北市汐止區大同路三段 194 號 9 樓之 1

讀品文化事業有限公司　收

電話/(02)8647-3663　　傳真/(02)8647-3660

劃撥帳號/18669219　　永續圖書有限公司

請沿此虛線對折免貼郵票或以傳真、掃描方式寄回本公司，謝謝！

讀好書品嘗人生的美味

料事如神：胡雪巖縱橫商道的祕訣